U0029062

實戰智慧叢書 356 李仁芳 策劃

松下幸之助
不景氣、不裁員、不減薪經營法

郭泰 著

實戰智慧館 356

松下幸之助
不景氣、不裁員、不減薪經營法

作　　者／郭泰
封面設計／唐壽南
資深編輯／林士蕙
主　　編／林麗雪
財經企管叢書總編輯／吳程遠
策　　劃／李仁芳博士
發 行 人／王榮文
出版發行／遠流出版事業股份有限公司
臺北市 100 南昌路二段 81 號 6 樓
郵撥：0189456-1　　傳眞：2392-6658
電話：2392-6899
著作權顧問／蕭雄淋律師
法律顧問／王秀哲律師・董安丹律師
排　　版／中原造像股份有限公司
2009 年 3 月 1 日　初版一刷
行政院新聞局局版臺業字第 1295 號

新台幣售價 240 元（缺頁或破損的書，請寄回更換）
有著作權・侵害必究（Printed in Taiwan）
ISBN　978-957-32-6423-1

YLib 遠流博識網
http：//www.ylib.com　E-mail：ylib@ylib.com
http://www.ylib.com /ymba　E-mail: ymba@ylib.com

《實戰智慧館》

出版緣起

王榮文

在此時此地推出《實戰智慧館》，基於下列兩個重要理由：其一，臺灣社會經濟發展已到達了面對現實強烈競爭時，迫切渴求實際指導知識的階段，以尋求贏的策略；其二，我們的商業活動，也已從國內競爭的基礎擴大到國際競爭的新領域，數十年來，歷經大大小小商戰，積存了點點滴滴的實戰經驗，也確實到了整理彙編的時刻，把這些智慧留下來，以求未來面對更嚴酷的挑戰時，能有所憑藉與突破。

我們特別強調「實戰」，因爲我們認爲唯有在面對競爭對手強而有力的挑戰與壓力之下，爲了求生、求勝而擬定的種種決策和執行過程，最值得我們珍惜。經驗來自每一場硬仗，所有的勝利成果，都是靠著參與者小心翼翼、步步爲營而得到的。我們現在與未來最需要的是腳踏實地的「行動家」，而不是缺乏實際商場作戰經驗、徒憑理想的「空想家」。

我們重視「智慧」。「智慧」是衝破難局、克敵致勝的關鍵所在。在實戰中，若缺乏智慧的導引，只恃暴虎馮河之勇，與莽夫有什麼不一樣？翻開行銷史上赫赫戰役，都是以智取勝，才能建立起榮耀的殿堂。孫子兵法云：「兵者，詭道也。」意思也明指在競爭場上，智慧的重要性與不可取代性。

《實戰智慧館》的基本精神就是提供實戰經驗，啓發經營智慧。每本書都以人人可以懂的文字語言，綜述整理，為未來建立「中國式管理」，鋪設牢固的基礎。

遠流出版公司《實戰智慧館》將繼續選擇優良讀物呈獻給國人。一方面請專人蒐集歐、美、日最新有關這類書籍譯介出版；另一方面，約聘專家學者對國人累積的經驗智慧，作深入的整編與研究。我們希望這兩條源流並行不悖，前者汲取先進國家的智慧，作為他山之石；後者則是強固我們經營根本的唯一門徑。今天不做，明天會後悔的事，就必須立即去做。臺灣經濟的前途，或亦繫於有心人士，一起來參與譯介或撰述，集涓滴成洪流，為明日臺灣的繁榮共同奮鬥。

這套叢書的前五十三種，我們請到周浩正先生主持，他為叢書開拓了可觀的視野，奠定了紮實的基礎；從第五十四種起，由蘇拾平先生主編，由於他有在傳播媒體工作的經驗，更豐實了叢書的內容；自第一一六種起，由鄭書慧先生接手主編，他個人在實務工作上有豐富的操作經驗；自第一三九種起，由政大科管所教授李仁芳博士擔任策劃，希望借重他在學界、企業界及出版界的長期工作心得，能為叢書的未來，繼續開創「前瞻」、「深廣」與「務實」的遠景。

《實戰智慧館》

策劃者的話

李仁芳

企業人一向是社經變局的敏銳嗅覺者，更是最踏實的務實主義者。

九○年代，意識形態的對抗雖然過去，產業戰爭的時代卻正方興未艾。

九○年代的世界是霸權顚覆、典範轉移的年代：政治上蘇聯解體；經濟上，通用汽車（GM）、IBM虧損累累——昔日帝國威勢不再，風華盡失。

九○年代的台灣是價值重估、資源重分配的年代：政治上，當年的嫡系一夕之間變偏房；經濟上，「大陸中國」即將成爲「海洋台灣」勃興「鉅型跨國工業公司（Giant Multinational Industrial Corporations）的關鍵槓桿因素。「大陸因子」正在改變企業集團掌控資源能力的排序——五年之內，台灣大企業的排名勢將出現嶄新次序。

企業人（追求筆直上昇精神的企業人！）如何在亂世（政治）與亂市（經濟）中求生？外在環境一片驚濤駭浪，如果未能抓準新世界的砥柱南針，在舊世界獲利最多者，在新世界將受傷最大。

亂世浮生中，如果能堅守正確的安身立命之道，在舊世界身處權勢邊陲弱勢者，在新世界將掌控權勢舞台新中央。

《實戰智慧館》所提出的視野與觀點，綜合來看，盼望可以讓台灣、香港、大陸，乃至全球華人經濟圈的企業人，能夠在亂世中智珠在握、回歸基本，不致目眩神迷，在企業生涯與個人前程規劃中，亂了章法。

四十年篳路藍縷，八百億美元出口創匯的產業台灣（Corporate Taiwan）經驗，需要從產業史的角度記錄、分析，讓台灣產業有史爲鑑，以通古今之變，俾能鑑往知來。

《實戰智慧館》將註記環境今昔之變，詮釋組織興衰之理。加緊台灣產業史、企業史的紀錄與分析工作。從本土產業、企業發展經驗中，提煉台灣自己的組織語彙與管理思想典範。切實協助台灣產業能有史爲鑑，知興亡、知得失，並進而提升台灣乃至華人經濟圈的生產力。

我們深深確信，植根於本土經驗的經營實戰智慧是絕對無可替代的。另一方面，我們也要留心蒐集、篩選歐美日等產業先進國家，與全球產業競局的著名商戰戰役，與領軍作戰企業執行首長深具啓發性的動人事蹟，加上本叢書譯介出版，俾益我們的企業人汲取其實戰智慧，作爲自我攻錯的他山之石。

追求筆直上昇精神的企業人！無論在舊世界中，你的地位與勝負如何，在舊典範大滅絕、新秩序大勃興的九〇年代，《實戰智慧館》會是你個人前程與事業生涯規劃中極具座標參考作用的羅盤，也將是每個企業人往二十一世紀新世界的探險旅程中，協助你抓準航向，亂中求勝的正確新地圖。

【策劃者簡介】

李仁芳教授，一九五一年出生於台北新莊。曾任政治大學科技管理研究所所長，輔仁大學管理學研究所所長，企管系主任，現為政大科技管理研究所教授，主授「創新管理」與「組織理論」，並擔任行政院國家發展基金創業投資審議會審議委員，交銀第一創投股份有限公司董事，經濟部工業局創意生活產業計畫共同召集人，中華民國科技管理學會理事，學學文化創意基金會董事，文化創意產業協會理事，陳茂榜工商發展基金會董事。近年研究工作重點在台灣產業史的記錄與分析。著有《管理心靈》、《7-ELEVEN統一超商縱橫台灣》等書。

松下幸之助

不景氣、不裁員、不減薪經營法

目錄

推薦文一

黑暗時代的長夜明燈

國立高雄師範大學人力與知識管理研究所
劉廷揚博士

在冷酷寒冬裡，我們特別懷念曾經送來溫暖的人；在驚濤駭浪中，大家總會仰望堅定指引方向的人。

二〇〇八年金融海嘯來襲，全球經濟慘遭滅頂！上自國家政府，中及社會產業，下至家庭個人，無不受到突如其來，猶如切膚之痛的衝撞！許多人赫然發現：曾被視爲不可逆趨勢的全球化經濟，原來是包著糖衣的毒藥，甜頭沒嘗到多少，致命的殺傷力卻一點也不容情地衝擊到每一個人。

在專家失效、學者噤口、企業菁英棄械投降，政府團隊束手無策的此時，徬徨的人心找不到當下的指引，何不求教於前人的智慧？

曾經領導日本企業追求卓越而有著奇蹟般成就的日本經營之神——松下幸之助，他一生的言行舉止，思慮心法，正是我們可以挖掘智慧的寶庫。

松下幸之助本身著作汗牛充棟，且從不吝於分享他的生命哲學及經營智慧，這位企業巨人一生中眾多經歷也被許多人當作傳奇故事津津樂道。在謊言充斥，言行不一已經見怪不怪的時代，松下幸之助心口合一，身體力行的典範，特別值得我們再三回味。

新書《松下幸之助不景氣、不裁員、不減薪經營法》，即是將這位日本經營之神的生命故事與企業經營的種種理念，濃縮爲八個最關鍵的經營法來架構全書，同時串聯許多動人的故事來彰顯松下幸之助的作爲。據他的理念以對照作爲，由作爲來驗證理念，使松下幸之助的形象躍然紙上，讓讀者在閱讀時，也如同親見這位偉大企業家般感受到溫暖的人生智慧。

我曾因李連教育基金會獎學金的資助，前往松下創立的日本ＰＨＰ總合研究所及松下政經塾進行研究進修，期間受到ＰＨＰ總合研究所發行人江口克彥先生的接待及指引，走訪松下企業，並在松下幸之助晚年的休憩所「眞眞庵」度過充滿禪意及文化氛圍的日子；對斯人斯事有深受啓發的緣份。

同時，我又是新書《松下幸之助不景氣、不裁員、不減薪經營法》作者郭泰的愛好者與支持者，他選材料理的功力、生動的描繪及幽默優雅兼具的筆觸，一直是我自我期許的學習對象。所以，在取得書稿後我便一氣呵成地讀完，正感到身心充盈滿足之際，驀然發現已近清晨時分，才發現當我們藉由作者的生花妙筆，得以上友前賢時，閱讀、思考、泛想、回味之樂，其樂竟至於此！

願每一位展開本書的讀者，都能以松下幸之助的經營法來強化心態，增進職能，讓這位日本的經營之神陪伴我們衝破逆境，等待時機，御風而上。

推薦文二

好的人才就能製造出好的產品

總裁學苑創辦人
石滋宜

我常說，企業所有的問題，一定都發生在人的身上，只要用的人沒有問題，則一切事情就不會有問題。日本經營之神松下幸之助談經營，強調的正是「人品」——培育好的人才就能製造出好的產品。從《松下幸之助不景氣、不裁員、不減薪經營法》一書中，讀者可以領略其經營智慧。

自序
不世出的傳奇人物

很難用一句話去形容松下幸之助，他求名得名（日本經營之神，舉世聞名）、求利得利（總資產約二十億美元，多次名列《富比士》（*Forbes*）雜誌的富豪榜上），求壽得壽（一生體弱多病，卻活了九十六歲），他沒讀什麼書，卻著作等身；他曾當選爲全日本高中生最尊敬的人物，日本人稱他爲國士（指一個國家當代最重要的人物），我則稱他爲不世出的傳奇人物。

松下幸之助生於西元一八九四年日本和歌山縣，於一九一八年在大阪開設松下電器器具製作所，而後在一九二二年創立了「國際牌

（National）」品牌，最初以生產腳踏車電池燈與插座等產品起家。憑藉著松下過人的意志力與善於用才的特點，公司逐步拓展業務，終於在西元五〇年代，靠著旗下「三寶」產品：電冰箱、電視與洗衣機，讓國際牌竄起爲知名電器品牌。在一九六一年，松下決定退休，辭去社長一職時，松下電器年營業額高達一千零五十四億日圓。而今，從國際牌全面更名爲「Panasonic」的松下集團，其品牌影響力早已遍及全球。

松下幸之助曾經連續四十年是日本繳稅金額排名前一百名的人，乃至一九八九年以九十六歲高齡因肺炎逝世時，個人財產估計高達五千億日圓。然而，他不只是成功的創業家，也對社會貢獻良多。松下於二戰後創立PHP（Peace and Happiness through Prosperity的簡寫，意即透過繁榮來追求和平與幸福）研究所，其所發行的《*PHP*》雜誌，長期對日本人如何追求繁榮與幸福，發表過許多深具建設性的論述主張，對當地社會影響深遠。另外，松下還曾創立「松下政經塾」，培育日本二十一世紀所需的政治與經濟人才。

不過，我對松下最感興趣的，還是他的經營理念與管理技巧。爲此，我閱讀了七百萬字的文獻資料，從中爬梳出危機處理、領導、用才、育才、良師益友、敬業精神、經營理念、人生哲學等八個主題，其中讓我印象最深刻的就是，於本書〈經營法1〉章節中，在一九二九年經濟大蕭條時，所採取的不裁員不減薪的因應措施。

一九二九年日本的情況比今天我們所遭遇的金融風暴更爲悽慘，銀行遭到擠兌而破產，各企業遲發薪資，工廠因產品滯銷而停工，全國失業達百萬人，搶劫、殺人、全家集體自殺的消息時有所聞，整個社會動盪不安。日本不論大小公司，紛紛裁員減薪，當時的松下電器也遭到沉重的打擊，營業額驟降到一半，產品嚴重滯銷，公司的高幹們也向松下建議裁員減薪以度過難關。

松下絞盡腦汁，苦思良策。最後他基與「員工是公司最寶貴的資產」（員工一旦裁掉就回不來了，而不景氣終究會回到景氣），以及「松下是培育人才的公司」兩個經營原則〈參見〈經營法3〉，他曾因幹部說松下是製造電器產品的公司而勃然大怒〉，決定既不裁員，也不減薪。面對不景氣，他減半生產；因減半生產而空閒下來的時間，配合業務部門，全體員工傾全力去推銷產品。結果在三個月內，庫存品銷售一空，帶領公司度過難關。（參見〈經營法1〉）

舉世在遭遇不景氣，企業紛紛裁員減薪之際，松下為何敢獨排眾議大膽地採取不裁員不減薪的措施呢？這是因為松下沒受過多少正規的教育，所以面對任何困難，均不受現有知識的束縛，而能海闊天空地思索與研判，尋找出最合理的解決方法。最能代表這種中心思想的，莫過於「素直之心」（請參閱〈經營法7〉）。用素直的心去觀察外界的事物，能夠拋開私心與成見，公正客觀地認清事情的眞相，並做出正確的判斷與決策。

台灣目前遭遇數十年罕見的經濟風暴，從媒體上訊息得知，許多大小企業採取裁員減薪的策略來因應。難道說，除了裁員減薪就別無良策了嗎？松下不裁員不減薪的做法，可以提供大家一個另類的思考空間。此外，松下認爲不景氣失業者多，建材與工資特別便宜，反而是擴建新廠的好時機（參見〈附錄二〉）。他對不景氣採取積極正面的看法，認爲不景氣不但是企業改進營運缺失的大好機會，也是企業培育人才的最佳良機；只有面臨不景氣時，企業才能獲得磨練的機會，因此，絕不可僅抱著度過難關的消極心態，一定要把不景氣的「負面」能量，轉化爲進步動力的「正面」驅力。松下的這番話，振聾啓聵，發人深省，不愧是日本的經營之神。

本書中所舉的案例，大都發生在一九一八年至一九六〇年。在這創業前半生的四十二年中，松下擔任社長（之後擔任會長），篳路藍縷，披荊斬棘，從艱辛的創業過程中淬礪出的經營智慧，字字珠璣，歷久彌新。

二〇〇九年一月六日於加拿大西溫哥華區山上

經營法1　談危機處理

不景氣正是改革良機

「企業的弊病，往往在不景氣時才會暴露出來，因此，不景氣反而是改進營運缺失的大好機會。」

——松下幸之助

松下一生經營企業，遭遇無數的困境，但最後都能化險爲夷，下面是幾個比較著名的案例。

砲彈型車燈

日本在一九二二年時，腳踏車是人民主要的交通工具，而車燈又是腳踏車夜行時必備的零件。當時主要有蠟燭燈與電池燈兩種，前者價格便宜，但亮度不足，又容易熄滅；後者亮度夠，價格ＯＫ，缺點是電池的壽命只有三、四小時。

聰明的松下看出了商機：

- 蠟燭燈雖然便宜，但亮度不夠，且被風一吹就熄滅。
- 理想中的車燈爲亮度夠，不易熄滅，價格又不貴。
- 電池燈使用時間若能延長十倍的話，就是理想產品了。

他愈想愈興奮，立刻動手去研發，經過半年的努力，終於研製出壽命爲舊式電池燈十倍長的砲彈型車燈。

新電池燈因形狀酷似砲彈而得名，構造簡單，外型優美，一組電池可用三十至五十小時，費用才三圓多，而蠟燭燈點一小時也要二分錢，相較之下，比蠟燭燈便宜一半。

松下高興地說：「這麼理想的新產品，一定會大受歡迎，一定會大賣。」

他興沖沖地在大阪找到一家電器經銷商，詳細地向他介紹新產品的優點，預料經銷商會爽快地進貨，那知結果出乎意料。

經銷商說：「貴公司的車燈聽你說似乎滿不錯的，但你不知道電池燈的信用有多壞，消費者聽到電池燈就搖頭，我看你還是請回吧！」

自信滿滿的松下，碰了大釘子，雖有點失望，但不灰心，他又找另一家電器經銷商。

「你的車燈用的是特殊電池，消費者不容易買到，依我看，銷路很有問題。」

被拒絕的松下仍不死心，乾脆跑遍大阪與東京地區所有的電器經銷商，得到的反應大同小異：電池燈難賣，不願意經銷。

這時，庫存已有兩千個車燈。松下努力一個月，毫無業績，他決定轉個方向，去找腳踏車經銷商，沒想到情況更糟。他們一聽到電池燈，就像看到毒蛇一般。

「電池燈啊！談到它我就一肚子的氣，去年我進一堆貨，一個都賣不出去，我的損失可大了。不管你說得天花亂墜，我絕不再賣電池燈。」

兩個月過去，倉庫堆積了四千個砲彈型車燈，而銷路遲遲打不開，再拖下去就會把公司拖垮了，松下開始寢食難安。

● 這麼好的產品爲什麼沒人願經銷呢？都是舊式電池燈惹的禍，

目前首要工作，就是讓大眾知道砲彈型車燈的優點。

● 既然電器與腳踏車的經銷商走不通，還有電器與腳踏車的零售店這條路可走啊！

搜索枯腸後，松下想出三個對策：

一、放棄透過中盤經銷的方式，直接找零售店販賣，並採寄賣方式。

二、招募三名營業員，要求他們短期內跑遍大阪地區所有電器與腳踏車零售店。

三、每家零售店各寄賣兩至三個砲彈型車燈，並把其中一個點亮後展示在櫥窗裏，同時告訴店老闆：「這是現場試驗，請記錄一下，能否點三十個小時以上，若可以，請把試驗結果告訴您的客戶；若不行，您可以拒絕付款。」

三名推銷員每天拿出兩百個車燈到零售店寄賣，松下估計要鋪滿一萬個後，市場就會有反應。

松下的風險很大，寄賣不同於賣斷，若賣不出去，一分錢也收不回。一萬個車燈的成本是一萬六千元，以他當時的財力，若市場沒反應，很快就會週轉不靈。

鋪滿五千個車燈後，零售店逐漸有了反應。

「試驗的結果超過三十小時，好棒的車燈，另外兩個已經賣出，快再補貨。」

再過兩三個月，銷路逐漸增加，每月可賣出兩千個。更絕的是，有些零售店嫌訂貨麻煩，轉而向他的經銷商（即中盤）叫貨。經銷商在零售店的逼迫之下，只好向松下電器進貨。

沒多久，砲彈型車燈就風行全日本。

經濟大蕭條

一九二九年，全球經濟蕭條席捲日本，各公司遲發薪資，工廠陸續停工，全國失業達百萬人。東京與大阪地區的職業介紹所，清晨二點就排滿了急著找工作的人群。當年三月東京帝大的應屆畢業生，就業率僅三成，創有史以來最低紀錄。

當時，全日本鐵路兩旁充斥著饑餓的人群，他們撿拾乘客丟棄的剩菜飯裹腹。搶劫、殺人、全家集體自殺的消息時有所聞，整個社會動盪不安，搖搖欲墜。無論大小企業，不是裁員，就是減薪。

松下電器也不例外，遭到重大打擊，營業額急速降到平時的一半，產品堆積如山。糟糕的是，當時因剛蓋好新廠，資金並不充裕，再拖下去，就會週轉不靈而宣布破產。更糟的是，松下偏偏在這個時候病倒了。

面對公司空前的危機，高級幹部井植歲男（松下妻子的弟弟）與武久逸郎幾經會商，向躺在病床的松下建議：「公司目前的營業額不到以往的一半，爲今之計，員工也必須裁減一半，這樣或許能夠度過難關。」

松下聽完建議，內心盤算著：

●幾乎所有的企業都在裁員，裁員一半就能使公司渡過難關嗎？

●員工乃是企業最寶貴的資產，若我把苦心培訓完成的員工裁掉一半的話，豈非自打嘴巴，否定自己的經營理念。

●景氣蕭條只是一時的。不行，我絕不裁員，我要與全體員工共度難關。

●既然銷售量減半，生產量必須跟著減半。員工若只上半天班，領半天工資，要怎樣過活呢？若工作半天而領全薪，公司固然有損失，但這只是短期措施，所以決定工作半天，公司付全薪。

●那些堆積如山的庫存品非徹底解決不可。推銷工作已盡全力了嗎？我看未必吧！這正是面對此次不景氣，反敗爲勝的契機。

於是，松下做了下列五點決定：

一、決不裁員。

二、自即日起產量減半，以配合萎縮的銷售量。

三、爲配合產量減半，自即日起生產部門的員工上半天班，但領全天薪。

四、生產部門的員工空出來的半天班，配合銷售部門，努力去推銷庫存品。

五、全體員工自即日起取消所有假日，一起傾全力推銷庫存品。

松下電器各廠的廠長早已列妥裁員的名單，聽完松下的決定後，歡聲雷動地把裁員名單燒掉，全體員工都感激涕零，誓言賣力去推銷庫存。結果在短短三個月內，不但賣光庫存品，而且反敗爲勝，創下歷年來最高的營業額。

起死回生的收音機

一九三〇年，松下在諸多經銷商的建議之下，決定生產新產品收音機，在進行市場調查後，得到下面的結論：

一、收音機是一種故障率很高的產品。

二、由於故障率高，對零售店而言，具備修理的技術，成爲銷售的必要條件。

三、零售店因擔負售後修理與維護的工作繁重，故售價很高。

四、若干零售店不堪故障之困擾，最後乾脆拒賣收音機。

五、對經銷商而言，原以爲收音機是利潤很高的產品，但因故障率偏高，退貨率也高，利潤因而大打折扣。

六、若能大幅降低收音機故障率，經銷商仍舊非常樂意經銷。

七、對製造商而言，收音機是大起大落的新產品。一方面利潤高，有大錢賺；另一方面容易有大批退貨，會虧老本。

總之，收音機成敗的關鍵就在：如何大幅降低故障率。

當時松下尚無製造收音機的人才，故松下找到一家當時市面上品質最好的A製造商合作。由A負責製造，再掛上松下電器的品牌與其強大的經銷網，於一九三一年一月傾全力推出上市。

這個新產品推出之後，反應很差，故障率高，退貨頻頻。

松下覺得不可思議。A是收音機最佳製造商，品質好，故障率低，爲何與松下合作之後，故障率變高了呢？到底在產銷過程中出了什麼問題呢？經徹底檢討，發現癥結所在：

一、製造過程沒有問題。

二、遭退貨的收音機，大都是眞空管或螺絲鬆動，這些小問題只要用起子拴緊就行，但零售店與消費者不知道，故被退貨。

三、A以往均透過收音機專賣店銷售，他們具備專業知識，知道收音機在搬運過程，極易造成眞空管與螺絲的鬆動，故在出貨前必先拴緊，所以故障率低。

四、松下電器的零售店大多是電器行，無收音機專業知識，才會造成大量退貨。

問題點找出來了，就在零售店是否具備收音機的簡單修理常識而已。那麼，要採取何種改進的對策呢？

採取A原有的銷售通路，專找收音機專賣店去銷售？還是改良產品，製造出一種不易鬆動，不易故障的收音機，透過一般電器行銷售？

松下很快就有結論：一定要製造出沒有技術也能銷售的收音機，否則寧可放棄此一產品，A製造商不同意松下的觀點，雙方最後和氣地分手，由松下負擔全部的損失，而A則退股獨立經營。

松下說：「老是認爲收音機是很深奧、容易故障的東西，所以，無故障的收音機做不出來，這種觀念是錯誤的。應該要有努力研究之後，不易故障的收音機一定做得出來的觀念才對啊！」

他立即下令研究部門盡快設計出理想的收音機，並對他們說：「你們都是優秀的電器技術人才，收音機也是電器產品之一，只要有『絕對製造得出來』的信心，我相信你們一定做得到。」

「我們一定全力以赴。」

經過三個月不眠不休的努力，研究部門終於設計出「沒有技術的電器行也能銷售」的三球式收音機，並榮獲日本廣播電台所舉辦的全國收音機展覽比賽的冠軍。

三球式收音機以驚人的速度發展，不久，月產量就高達三萬部，居全國之冠，暢銷全日本。

松下說：「對於任何事情，與其看得很困難，不如看得很簡單，這樣才會激起我們克服障礙的雄心，這樣才會成功。」

熱海懇談會

一九六三年，日本政府爲了抑制因奧運帶來的通貨膨脹，採取金融緊縮的政策，造成許多企業資金週轉困難，經濟逐漸蕭條。

一九六四年七月，電器業普遍陷入經營的困境。松下眼見情況日益嚴重，乃毅然召集了全國兩百多家的經銷商與代理店，在熱海舉行銷售懇談會，以瞭解經銷商營運困境，共謀對策。

會議舉辦三天。

第一天是聽取經銷商的意見。由於虧損的經銷商佔九成左右，因此抱怨之聲不斷，諸如：產品沒有特色、經常被迫進貨、公司的職員變得官僚等等。

甚至有人說：「從家父到本人，我們是歷經兩代的經銷商，可是經銷松下的產品總是入不敷出，松下電器有賺頭，我們卻虧本，這是什麼緣故呢？」

第二天由松下電器各相關主管向經銷商解釋營運虧損的原因。公司認爲，經銷商不夠主動積極，事事太過依賴松下電器，虧損乃是自己經營不善的結果。

此言一出，經銷商一陣譁然，雙方劍拔弩張，鬧得很不愉快。

面對此尷尬的局面，松下自我檢討道：「經銷商說虧損的責任在公司，公司則說責任在經銷商本身，這是永遠沒有交集的兩條平行線。今天，聽到經銷商這麼多的抱怨，表示公司的做法必有缺失。發生問題，把責任歸咎別人，這是人性的弱點，今天如果只怪經銷商而不知自我檢討的話，就愚蠢至極了。」

松下想起了「挨罵是進步的原動力」的名言。地位愈高，挨罵的機會愈少，今天，應該好好把握此一難得的挨罵機會，好好地在經營上再做一徹底的檢討與改進。

第三天，松下上台對經銷商說：「前兩天，我聆聽各位的寶貴意見，深感爭論誰是誰非實在無濟於事。總之，松下電器能有今天的局面，全靠各位的照顧與支持，今天大家虧損，公司應負大部分的責任。而後，公司一定徹底的反省，並盡最大的努力，協助各位脫離困境……」

說到這裏，松下一時百感交集，禁不住老淚縱橫。經銷商們受到感染，也都俱聲淚下，全場籠罩在一片傷感悲悽的氣氛中。

忽然間，有位經銷商起立說：「我們與松下先生，除了生意上金錢的往來之外，更有一份心靈的默契在內。兩天以來，我們一直指責公司的不是，但憑良心說，我們自己也有不是之處。拿我自己來說，經驗豐富，工作也很賣力，但老是虧本。後來經松下先生的分析後發現，因任用犬子爲副總經理，他經驗不足，成爲生意的絆腳石，立即把他安排到另處上班，不久業務就轉虧爲盈。至於小犬，在別處磨練三年之後，如今也成爲有能力的副手了。」

說完了話，經銷商們不約而同地起立，一起用熱烈的掌聲向松下致敬。

熱海懇談會，在抱怨不滿的緊張氣氛中開幕，最後在互信互諒的和諧氣氛中閉幕。在散會之前，松下贈送每人一張寫著「共存共榮」的互勉狀。

會議結束後，原已退居幕後的松下，在八月一日宣布重披戰袍，掌理銷售業務，並提出下列的改革方案：

一、在全國各地增設經銷商，消除銷售的死角。

二、把分期付款的業務移轉給經銷商，以增加其收益。

三、爲了使經銷商從被動的販售改爲主動的出擊推銷，公司的營業部此後只做輔導、徵信與收款的工作。而且，各營業所不再強迫經銷商進貨，以免他們失去自主的推銷意願。

十六個月後，經銷商一一轉危爲安，逐步邁向坦途。

利用不景氣改進營運缺失

在松下的觀念中，危機就是轉機，災禍能變成運氣，當然，任何困境也都能轉變爲機會。

他還把不景氣當作是改進營運與磨練員工的良機。

松下說：「企業的弊病，往往在不景氣時才會暴露出來，因此，不景氣反而是改進營運缺失的大好機會。還有，不景氣也是企業培育人才的最佳機會。因爲在景氣好時，要刻意創造一個磨練員工的環境委實不易，而不景氣時，正好提供一個最佳的磨練時機。」

經營法2　談用才

大膽進用問題人物

「當一個人的優點充分發揮，缺點就會變得微不足道。」

——松下幸之助

當大家都尊稱松下為「經營之神」時，他卻坦承自己是個既沒學問又沒才能的平凡人。可是，他善於用人，是位經營高手，這又是事實。到底他的秘訣何在呢？

松下說：「答案就是，我用了比我有學問、比我能幹的人。」

「七分長處，三分短處」是松下用人的原則。

它的意思是：他用人之時，七分注意其長處，三分注意其短處。他認為，找出每一個人的特長，好好加以活用，這是用人最重要的原則。

挖掘人才優點、忽略缺點

許多在其他公司令人頭痛的人物，進入松下電器之後，卻成為獨當一面的重要幹部。在別的公司被認為是缺點的，到了松下電器反而變成優點了。其故安在呢？

松下解釋說：「其中主要原因在，我們盡量挖掘並發揮其優點，並有意忽略其缺點的緣故。當一個人的優點充分發揮時，其缺點就會變得微不足道了。」

日本戰國時代名將堀秀政的部屬中，有一位整天哭喪著臉，其他的人看到他，都感覺很倒楣，因此他們就向堀秀政建言說：「那個人老是愁眉苦臉，看起來實在不舒服，很可能會帶給您霉運，爲何不辭掉他呢？」

堀秀政說：「你們的話固然有道理，不過，如果他代表我去弔喪，憑他天生哭喪臉，豈非是最佳人選。他還是滿有用的，不能辭退他。」

堀秀政的這句話，道盡了名將用人的訣竅。

松下說：「每個人的個性、長相、優缺點均不相同，堀秀政深知這個道理，所以他會去容忍部屬的缺點，另外又積極地發掘部屬的優點，讓每個人發揮所長，以截長補短。」

優缺點互相搭配

開創日本三百年幕府政權的霸主德川家康，最敬佩的大將是武田信玄。武田從不在自己的藩土內建築城牆，因爲他深知，人心才是最堅固的城牆，如果人心不固，再堅固、再高的城牆也不管用。

武田信玄最善於用人，他用人的原則是：首先發掘部屬的優缺點，然後就其優缺點互相搭配。

舉例來說，家臣之一山縣昌景個性急躁，做事很衝動，武田信玄就拿他跟遇事三思而後行的另一家臣高坂昌搭配。對沉默寡言遇事保守的老臣馬場信房，武田信玄拿他跟愛說大話行動敏捷的內藤昌搭配。

松下說：「我們談到用人，都不約而同地會想到適才適所，亦即把一個合適的人擺在適當的位置上。這樣固然很好，不過還是不夠，我們必須像武田信玄一樣，充分瞭解部屬的優缺點之後，就其做最恰當的搭配，以截長補短，這麼一來，每個人的長處才能充分發揮。」

就實際職場去觀察，把三個在同一項目表現優秀的人擺在一起，常因不能合作，彼此力量抵消，績效因此不彰；三個彼此優缺點互補的人，由於個人專長能夠充分發揮，較能分工合作，反而成果輝煌。

松下說：「領導者在用人之時，除了適才適所之外，也必須重視優缺點搭配的問題。」

松下的胸襟寬大，豁達大度，深知天下無不可用之人，兼容並蓄，用盡天下的人才。

一九七七年六月十七日，追隨松下將近五十年的高橋荒太郎辭去會長職務，改由社長松下正治接任。而新上任的社長竟是名不見經傳，在松下電器二十六位董事之中排名第二十五的山下俊彥。

破格提拔年輕部屬山下俊彥

依照晉升的常規，理應由副社長升任社長才對，那知竟由一位排名第二十五的董事跳升接任。這件事在松下電器引起很大的震撼，被外界稱之爲「山下直升機事件」。

當然，這件事是松下一手促成的。在交接典禮上，松下致辭說：「山下先生是一位既穩重又有幹勁的男子漢，他今年只有五十七歲，最少可以再幹個十年，在這多變的二十一世紀，努力創新，把松下電器從家電產品製造商，帶到電子科技產品的新領域。」

山下俊彥相貌平凡，近視很深，但神采奕奕，步履輕盈，充滿了自信。他在一九三七年進入松下電器，曾任松下電子公司管理部長、零件廠長，因表現傑出受到重視。

一九六二年，西方電氣（松下關係企業）發生嚴重的勞資衝突，工人鬧工潮，長期罷工。山下忍辱負重，以無比的毅力，平息了工潮。

一九六五年，山下奉調績效極差的不良事業部——冷氣機事業部。結果在山下四年的整頓之下，該部的業績躍升至與主力產品的彩色電視機相當。

上述兩件事，不但使山下在公司聲名大噪，而且讓松下對他刮目相看。因此，乃在一九七七年破格跳升社長。

山下領導部屬有幾點特色：

一、公文力求簡單明瞭，限定在兩張紙內。口頭報告限定十五分鐘。

二、結帳單二十四小時內要向總公司報告，只要求正確與迅速，字跡潦草無妨。

三、只愛聽壞話，隱惡揚善的部屬常遭他痛責。

四、厭惡無謂的客套。部屬進入他房間不必多禮。

五、對工人和藹可親，對幹部則不假辭色。

山下經營成績斐然，於一九八二年榮獲日本《財界雜誌》頒發的「經營者獎」，並於一九八六年幹滿十年卸任，帶領松下電器成功地轉型到電子的領域。

慧眼識問題人物中尾

中尾哲二郎原來在大阪的某電器模型廠工作，雖然點子多，能力強，卻因批評老闆而被視爲問題人物。

有一天，中尾奉命到松下電器借車床，巧遇松下，因技術精湛爲松下所賞識。

不久，松下碰到模型廠的老闆。

松下說：「前幾天，你們工廠來了一個名叫中尾的年輕人，他車床的技術還滿不錯的。」

老闆說：「哦！中尾啊！他整天在工廠批評東批評西，人很囉嗦。」

「雖然您這麼說，我還是認爲他滿好的。」

「不瞞你說，我對他很頭痛。既然您認爲他不錯的話，就請他到貴公司上班好啦！」

「也好！讓我來用用看。」

就這樣，中尾在一九二三年，來到松下電器。

中尾從小父母雙亡，小學畢業後，就到工廠當學徒，並上夜校進修，習得一身好功夫。進入松下電器後，負責車床與模型的工作。因技術優異，工作賣力，而又不計名利，深得松下的賞識。

一年之後，有一天中尾突然向松下請辭。

「幹得好好的，爲什麼要辭職呢？」

「你知道我是孤兒，以前養育我長大的老主人，他公子在東京開工廠，來信要我去幫忙。爲了報答養育之恩，我願不計一切去幫忙。不過，對您眞不好意思。」

松下正慶幸得一人才，當然不願中尾離去，但他知道留不住中尾，只好應允說：「我實在捨不得你走，但你是要去報恩，我無法強留你。你放心地走吧！」

爲了中尾的離去，松下舉辦了盛大的歡送會。在歡送會上，松下稱讚中尾的義行，並預祝中尾成功。最後還強調，萬一工作不順利的話，隨時歡迎他回來。

中尾到了小主人的新廠後，開發出一種收音機礦石檢波器，品質良好，銷路也不錯。但當時收音機不普及，光賣檢波器，無法維持工廠的開銷，一直苦撐著。

新廠慘淡經營，搖搖欲墜，中尾卻有與工廠共存亡的決心，松下惟恐人才被埋沒，託人轉達要他回來。

中尾回覆道：「我也很想回去，但工廠在這種艱苦的情況下，我恐怕要辜負你們的好意了。我一定要留到工廠營運穩定了，不再需要我了，才會離去。」

爲此，松下更敬佩中尾的人格。

爲了使新廠轉危爲安，松下想出一個方法，把公司鐵器部分的工作包給新廠去做，不久新廠就穩住局面。

一九二七年，中尾重回松下電器，成立電熱部，設計出暢銷產品「超級電熨斗」，爲公司立下汗馬功勞。後來中尾表現傑出，歷任要職，最高擔任到副社長。

接納已離職的怪人竹岡

一九二九年，松下電器在報紙上刊登了一則求才廣告，有三百多人來應徵，結果只錄取一名，那個人就是竹岡亮一。

竹岡因表現突出，一年後被擢升爲小主管，下面管轄七名員工。一九三一年，日本政府爲了提倡商業美術，特舉辦全國商業美術大賽。竹岡設計了一幅以「日本生命」爲題的畫參加比賽，結果獲得冠軍，領到商工大臣獎。

第二天的報紙都以大篇幅報導竹岡得獎的消息，他得意洋洋地去上班，心想老闆——松下先生——一定會看到報紙，並在朝會中好好地表揚他一番。結果松下什麼也沒說，竹岡有點失望。

到了中午時刻，松下召見竹岡，房內還有中尾哲二郎坐陪，竹岡心想：必定慰勉有加，說不定還有獎勵與晉升呢！

事情大出眾人意料之外，松下非但沒獎賞，反而用嚴肅的表情對竹岡說：「你得獎的消息，我看到了。年少得志大不幸啊！我看你即將災難臨頭了。」

當時竹岡只有二十五歲，年輕氣盛，完全聽不懂松下的意思，他心想：「老闆實在太掃興了，這是我一生中最得意的時刻，偏偏潑我冷水，眞是個不通人情的傢伙。」

竹岡當時的月薪爲五十圓，而商工大臣獎的獎金爲一千圓，是二十個月的薪水。突然而來的名利把竹岡捧上了天，但也沖昏了頭。

事情的演變，一如松下事前的預料。

原本滴酒不沾，從不遲到的竹岡，得獎之後，完全變樣，三天一小宴，五天一大宴，不但菸酒全來，也經常遲到早退，生活糜爛到了極點。因此，在公司的表現也愈來愈差，最後只得走上「辭職」這條路。

寬厚對待離職員工

竹岡辭職之後，來到老闆的住處向松下辭行。

松下夫人出來開門，竹岡行一個九十度鞠躬禮，大衣的口袋滾出許多銅錢。

「你眞有錢啊！」松下夫人調侃他說。

竹岡漲紅了臉，支支吾吾地答道：「這……這沒什麼，都……都是沒花完的零錢。」

辭職容易，辭行難。因表現不佳而走路，見到了老闆說什麼好呢？場面一定很尷尬吧！

見到松下，竹岡緊張地說不出話，松下則誠摯地說：「謝謝您多年的協助，多保重。」

一句「多保重」令竹岡十分感動，心想：雖然要離開了，老闆還是很關心他。

十三年之後，也就是一九四四年，竹岡把頭剃光，腳纏綁腿，以帶罪的心情求見松下。

「松下先生，懇求您讓我回來。」

「竹岡君啊！你有很多缺點哦！」

松下頓了一下，接著說：「當然，優點也很多。咦！怎麼回事啊！你不是最時髦的嗎？爲什麼理個大光頭呢？」

「我把頭髮剃掉，特地來向您請罪，並立誓要當一名松下的戰士。」

「好！我立刻給你打電話。」

在電話中，松下對即將安排竹岡去的旗下某部門主管說：「你還記得竹岡那個怪人吧！他現在在我這兒，他要回來了，就安排在你那部門好啦，多多照顧他啊！」

經過一、二十年，竹岡談起這件往事，依然表情激動地說：「要是換了別的老闆，一定會說『讓我考慮一下吧』，沒想到他答應得那麼乾脆。從那一刻起我就決定，爲了松下先生即使犧牲生命，也在所不惜。」

不成功便成仁的宮本

松下電器成立於一九一八年，一九二〇年設立東京辦事處。到了一九二三年九月，因東京大地震，辦事處被迫關閉。直到一九二四年，再度設立東京辦事處，松下並指派宮本爲辦事處主任。

人事命令發布之後，松下對宮本說：「東京辦事處災後的重建工作，最需要刻苦耐勞的人才。你雖然沒有銷售的經驗，但根據我多年的觀察，你很能吃苦，所以我認爲你是東京辦事處主任的最佳人選。」

「謝謝老闆的提攜與器重。」

「我希望你能抱持上戰場作戰的心情，全力以赴。」

宮本流著淚、激動地答道：「我決心以生命爲賭注，若不成功誓不返回。」

宮本爲何會有這種「不成功，便成仁」的悲壯情懷呢？原來松下電器當時的企業文化，已經養成一種「只許成功，不許失敗」的風氣，所以被委任獨當一面的員工，一則欣喜，一則悲壯。

辭別松下，宮本帶著妻子與一名見習生，來到滿目瘡痍的東京。

宮本很快地用四十圓的租金，在神明町租到了一間窄小的違章建築，並著手東京辦事處的開幕工作。

用刻苦精神完成任務

松下一直以爲四十圓的房租，可以租到相當寬敞的地方。當他到東京辦事處巡視時，才發現店面只有四公尺寬，而室內除了一個三張榻榻米大的房間外，其餘空間不到四坪。

松下驚訝地問宮本說：「這麼窄小的地方，又只有一個房間，你們三個人怎麼睡呢？」

宮本笑著答道：「謝謝老闆的關心，您看，把幾張椅子排在一起，不就多出一張床了嗎？白天辦公，晚上把椅子排一排，就能睡覺。」

松下感動地說：「辛苦你們啦！」

「老闆，作戰啊！物盡其用，一切刻苦。」

東京辦事處實在太窄小，屋內外都堆滿了各種電器產品，有時會因堆放在馬路上，遭到警察的警告。後來，由於生意愈來愈好，常爲了產品放置馬路的次數太多，被警察開罰單。

隔壁的鄰居看他們忙碌的狀況，都好奇道：「一個小小的辦事處，怎麼會有這麼多的貨物呢？更奇怪的是，看他們從早到晚，忙進忙出，身體像鐵打的金剛，似乎不知道什麼叫做『累』呢！」

松下有感而發地說：「在一個違章建築裏，用椅子當床鋪，日夜不停拚命地幹，非但創造了好業績，而且任勞任怨，此種以生命爲賭注的工作精神，正是松下電器成功的主要原因之一。」

願意葬身在松下的石井

一九三五年，也就是松下三十二歲那一年，他當選爲區議會的議員。在區議會裏，松下認識了一位名叫石井政一的議員。

石井是自行車批發商，爲人負責、正直又熱心。縱使他在外埠做生意，只要接到議會的開會通知，會立刻拋下工作，趕回來開會，由此可見他對公眾事務的熱心。

兩人因談話投機，而成莫逆。

有一天，石井來找松下說：「區議會已經廢除了，朋友們都勸我出來競選市議員，不知您的看法如何呢？」

松下問石井說：「我想市議會一定比區議會工作更繁忙，像您這麼熱心的人，應該沒什麼問題。不過，您的自行車生意怎麼辦？有人接手嗎？」

「沒有喲！」

「若是沒有人接管，豈非要關門大吉了。倘若不做生意，沒什麼收入的話，您靠什麼維生呢？」

「我沒有很多積蓄，非靠做生意維生不可。」

「既然您還得靠做生意的收入來維生的話，我勸您打消競選市議員的念頭吧！再說，您的年紀也不小了，想當市議員爲民服務，有點嫌老了。所以，我的意見是，還是繼續幹您的自行車生意吧！」

「讓我回去好好地考慮考慮。」

幾天後，石井面色凝重地對松下說：「我不但決定放棄競選市議員，也要結束自行車的生意。」

放下一切來求職

松下聽了嚇一跳，連忙問道：「爲什麼呢？」

「經過一番深思熟慮之後，我發現如果當選市議員的話，因入不敷出，必定一塌糊塗。再說自行車的生意，不上不下的，也沒什麼搞頭。」

「那您有什麼打算呢？」

石井正色道：「我想到貴公司服務，雖然我已年屆五十，但身體健康，精力旺盛，負責盡職，請不嫌棄地僱用我好嗎？」

松下頓了頓，點頭道：「好！我可以僱用您，不過我要嚴肅地問您一句，您眞有葬身在松下電器的決心嗎？」

石井堅定道：「我願發誓。」

於是，石井加入松下電器，憑其拚勁與努力，逐漸晉升，最後當到常務監察人。

經營法3　談育才

給菜鳥擔重任

「沒有『因為年輕，所以不行』這種說法！」

——松下幸之助

一九二六年的某一天，松下與人事部門的主管們一起開會。

松下問人事課長說：「假如有朋友問你松下電器是怎麼樣的公司時，你會如何回答呢？」

人事課長恭謹地答道：「我會告訴朋友，松下電器是一家製造電器產品的公司。」

想不到松下竟勃然大怒道：「你的腦袋裝的是漿糊嗎？爲什麼會這樣回答呢？」

人事主管當場傻眼，其他人事主管也都大惑不解，公司明明就是製造電器產品的公司啊！這樣的回答難道錯了嗎？

松下猛拍著桌子怒氣沖沖地說：「你們都是人事部門的主管，難道說你們會不知培育人才正是人事主管的職責嗎？因此，你們要是不回答松下電器是培育人才的公司，並兼製造電器產品的話，豈不表示你們對人才培育漠不關心。」

松下繼續激動地說：「我不知道告訴你們多少次了，人才是企業經營的基石，生產、銷售、資金等固然重要，可是最重要的還是人才，因爲缺乏人才的話，生產、銷售與資金都發揮不了作用。」

最後，松下感嘆道：「如果連你們都不能努力去培育人才的話，松下電器還有什麼前途可言呢？」

如今，這句「松下電器是培育人才的公司」的話，不但每一個員工都能琅琅上口，甚至已成爲眾所周知的名言了。

培育新人的重要性

松下電器在創業後的前十幾年，每年錄用的新人有限，很自然會被公司的老員工所同化。當時公司的生產線大都以十五至二十人爲一組，每組由公司的老人當領班，專司管理組員與指導新人等工作。

到了一九三四年，公司為了配合大量生產的計畫，開始大量招募初中與高中畢業的年輕人，並成立員工訓練所，全面展開員工的培訓工作。

因為從一九三五年之後，每年招募的新人高達三、四千人。他們對松下的經營理念毫無所知，若不嚴加訓練的話，非但公司的老人無法影響新人，相反地會被無知的新人所同化。

松下說：「我深深體會到，有人才方會有事業，沒有優秀的人才，就沒有成功的事業。製造電器產品固然是很重要的使命，但在這個使命之前，還有一個更重要的使命，就是人才的培育。所以，所有的員工都知道，松下電器除了製造電器產品之外，更重要的是一個培育人才的地方。」

苦心訓練後藤清一

這是松下用心訓練後藤清一的眞實故事。後藤曾追隨松下二十六年，長期接受松下的薰陶與訓練，曾任松下電器廠長，後來成爲三洋電機社長。

一九三三年七月，松下以當時五十萬圓的資金，在大阪的門眞地區興建完成辦公室與大廠房。爲了慶祝新廠完工，特別招待客戶赴廠參觀，松下並指派後藤爲總招待。

爲了鍛鍊員工強壯的體魄，松下在新廠旁蓋了一間武道館，並任命後藤爲館長。

就在慶祝會的前夕，松下來到新廠巡視，聽取後藤針對招待客戶參觀的預定流程後，對若干細節做了修正與指示。

接著，松下順道去看武道館。館內整理得井然有序，一塵不染，只是在館內神龕前放了一張與武道館極不相稱的豪華神桌。

松下怒斥道：「豈有此理，武道館是莊嚴肅穆之處，怎麼可以擺一張這麼豪華的神桌。」

「後藤，馬上去給我更換，今晚一定要辦妥。」丟下這句話，松下就走了。

後藤內心暗暗叫苦，當時已是晚上九點，廠區位處偏僻，要買神桌非赴大阪市中心不可。老闆的命令不敢違背，只得連忙搭電車赴市區。抵市區後，又不知何處有售神桌，只好邊問邊找。

好不容易找到一家佛具店，已是十一點，店已打烊。後藤好不容易把店老闆叫醒，老闆氣得破口大罵。他好說歹說賠了一百個不是，終於買到了神桌。

雖然神桌到手，但末班電車也開走了。當時又沒計程車，後藤只好扛著神桌，沿著電車的鐵軌一路走回家。抵門眞時，天已快亮。

後藤在廠裏的警衛室稍作休息，就到武道館更換神桌，並等松下的到來。松下清早六點多就來了，他在武道館內繞了一圈，瞄了新的神桌一眼，不吭一聲就走了。

期待被誇兩句的後藤，內心好嘔：「昨晚九點還要我趕赴市區買神桌，非但遭店老闆痛責，還徹夜沒睡，如夜行軍般，扛著神桌摸黑走二十四公里的路趕回來。辛苦了一晚，老闆居然沒一句慰勞的話，眞衰啊！」

懊惱歸懊惱，後藤不敢稍有懈怠，忙著招呼客戶參觀新廠。三天的參觀活動順利進行，一切圓滿結束。

活動結束的那晚，松下集合若干幹部辦慶功宴。當宴會進行一半時，松下叫後藤過去，伸出了右掌，答道：「後藤，我已經給你上一堂經營秘訣的課，請付我學費。」

「這是怎麼一回事呢？」

「就是三天前晚上的那件事啊！你一定徹夜沒睡，費了千辛萬苦才買回神桌吧！在那晚你就學會經營的秘訣了。我把經營秘訣傳授給你，難道你不應付我學費嗎？」

後藤這才知道松下的苦心，當場熱淚盈眶，感動得說不出話來。原來經營的秘訣就是：一經決定的事，再艱難也要想辦法完成它。

後藤說：「訓練人有很多種方法，而松下先生採取的是最獨特的一種，所以能夠出人意料，使人終生難忘。」

託付重任以培訓人才

松下經常會賦予年輕的職員重責大任，以培養並訓練主管人才。下面就是一個實例。

一九二六年，松下電器要在金澤市設立第一個營業所。當時，有能力與資格去當營業所所長的人雖然很多，但都有任務在身而調派不開。松下決定要從年輕的營業員中選一位派任。

日本有句俗話：「百日說教，不如一屁。」意思是：縱使花一百天學到了許多大道理，如果不去實行的話，其實連一個臭屁都不如。

松下堅信實行的哲學，他曾舉學游泳爲例說：「一個想學會游泳的人，光聽三年的課，而沒下水練習的話，就是請一流的教練來開課，也教不會。學游泳，一定要實地下水去游，喝過幾次水之後，上課聽來的技巧，才能心領神會，派上用場。」

事實上，學當主管也是一樣，一定要先去實行，邊做、邊改、邊學，然後再參加研習會或請教能手，這樣才能磨練出有效的管理能力。

因此，松下指派了一位有潛力的年輕營業員去擔任營業所的主管，並對他說：「我要你去主持金澤市的業務，我已經替你備妥三百圓資金，你即刻啓程，到金澤市租一個恰當之處，馬上展開我們的業務。」

這名營業員一臉惶恐，囁嚅說：「我進入公司不到兩年，而且我才剛滿二十歲，無論經驗與資歷都不足，這麼重要的職務，我這麼年輕，恐怕無法勝任……。」

松下根本不相信「因為年輕，所以不行」的說法，營業員的反應在他意料之中，但他對這個勤奮的年輕人有信心，並有心要培訓他。

因此，松下以半命令、半鼓勵的語氣對他說：「你還沒開始，為什麼就說自己不能勝任呢？想想戰國時代的武將：加藤清正與福島正則，他們十幾歲就擁有自己的城堡與人民。再說，明治維新的志士們，也都是年輕人啊！他們在艱困的環境下，建立了新日本。你已年滿二十歲，在公司表現優異，所長的職務，你一定可以勝任。」

經過一番激勵，營業員驚訝、惶恐的臉色逐漸轉為沉穩而堅毅，並說：「老闆的意思我明白了，以我不足的經驗與資歷，竟受到您如此的器重，如今唯有全力以赴，以不成功便成仁的決心來回報您的栽培。」

「好極了！金澤營業所就交給你了。」

松下認爲，既然要信賴部屬，就必須大膽地把職務授予部屬，只要在旁監督，不要對處理細節過分干涉，這樣一則能引發他的責任感，促使他發揮潛能，二則也能利用這個機會，好好地培訓人才。

松下就是以這種方式來培訓可造之才，而松下電器在日本各地的營業所，大部分也都用這種方式陸續成立的。

降職從基層幹起

武久逸郎是松下的好友，從事米店生意，賺了錢想投資新事業。

一九二七年，松下電器成立電熱部，武久投資成為股東，並由他與中尾哲二郎負責該部門。

電熱部的第一個產品，是由中尾苦心設計的「超級電熨斗」。推出後，因價格便宜，輕巧靈活，而大受歡迎，月產一萬個仍供不應求。

雖然產品熱賣，然而年中結算結果，電熱部卻有虧損。為此，松下大吃一驚，下令徹底檢討。結果發現，問題的癥結出在武久管理不善所致。

當初松下把電熱部交給武久與中尾時，他認為只要由他們兩人共同負責經營就會很順利了。事實上，中尾只是技術專才，而武久又不善於電器產品的經營，這才導致虧損。

經過仔細瞭解，得到下列結論：

● 電熱部的計畫與方針都很正確。

● 電熱部交給武久與中尾兩人負責是錯誤的，應立即收回，改由松下親自督陣。

松下立刻對武久說：「電熱部虧損的事，經過我徹底分析後，發現問題出在你對電器經營完全外行所致。我看這樣吧！你還是回去開你的米店，電熱部由我接辦，到今天爲止所有的虧損算我的，你說好嗎？」

武久慚愧道：「產品暢銷，卻經營虧損，責任在我，我應退出，但我不願離開松下電器。」

「如果由你繼續負責電熱部的話，虧損會愈來愈大，將來更難收拾，我看你還是罷手吧！」

武久還是執意留下來。

「電熱部經營虧損，我誠心誠意請你退出，而你執意留在電器業，我也認爲電器業很有前途，我替你的決心高興。不過，你那一套經營方式在電器業是行不通的。如果你一定要留下來，只有一條路，就是從基層幹起。」

「基層幹起……」

「沒錯，必須把你從老闆身分降爲最基層的職員，從頭瞭解電器這個行業。除此之外，別無他法，請你考慮吧！」

「好！我決定當松下電器的職員，從最基層學起，今後請多多教導我。」

「此話當眞？」

「大丈夫一諾千金。」

松下興奮地說：「武久先生，你眞了不起，我謹代表公司十二萬分的歡迎你。我太高興了，雖然我從此失去了一位難得的朋友，卻因此得到一個可靠的部屬。」

於是，松下把武久調到營業本部，讓他從最基層的營業員幹起。武久虛心努力學習，幾年後就成爲松下的得力幹部。

把木野送到戰場上

一九六二年五月，松下電器正式介入東方電機的重整。松下於七月一日指派松下通信工業公司東京營業所所長木野親之（三十五歲）爲東方電機的董事，每月出席一次該公司的董事會。

原先木野的想法很單純，認爲只要把松下電器的經營理念帶到東方電機，該公司自然就會復甦了。其實不然，東方電機財務赤字嚴重，銀行拒絕貸款，週轉愈來愈困難。

到了十月，情況更爲嚴重，松下要求木野從十一月起不只每月開會，而是每天到東方電機上班。

「我去，可是總不能兩手空空前去吧！」

「你需要什麼啊？」

「資金啊！東方電機若沒有資金的援助，是救不起來的。」

「有這回事嗎？」

「東方電機八月份的營業額爲八百萬圓，而人事費用就要一千萬圓。此外，還有許多應收帳款未收，要他們去收，卻說連前往收款的旅費都欠缺。」

「再怎麼說，你去了再講，你去了自然就能解決問題。」

木野不敢跟松下爭辯，只好硬著頭皮，單槍匹馬於十一月一日來到位於目黑河畔的東方電機。

迎接木野的並非公司的董事，而是比他年長的工會頭頭們。

木野被請到會議室，一位工會主管滿懷希望地問道：「請問你帶了多少資金來呢？」

「一毛也沒有。」

「那麼訂單呢？」

「也沒有。」

「你開什麼玩笑，既沒帶資金，又沒帶訂單，那你來做什麼呢？難道你不怕我們把你丟到目黑河裏餵魚嗎？」

望著窗外滾滾的河水，木野感到背脊一陣冰涼。

他深深吸了一口氣，鎮靜地說：「在你們把我丟到河裏之前，請聽我一句話。我雖然沒帶資金與訂單來，但我帶來更有價值的東西。」

「什麼有價值的東西呢？」

「松下電器的經營理念。」

「經營理念有個屁用，那個玩意兒能代替資金與訂單，能支付員工的薪水嗎？」

「請再聽我木野一句話，我今天到東方電機來，是代表松下幸之助先生。松下先生所能承擔的就不僅是幾千萬或幾億的資金而已。我今天把松下先生的信譽帶過來了，那是比資金與訂單更有價值的東西。」

木野在情急之下所說出的一席話，總算把火爆的場面穩住了。可是，單憑松下的「信譽」，眞能使東方電機轉危爲安嗎？木野的內心一點把握也沒有。

木野對工會所說的一席話，很快地傳到三井銀行（當時東方電機主要往來銀行）總裁佐藤喜一郎的耳中。佐藤說：「既然松下先生的代表都進駐到公司，我們可以無條件地貸款給東方電機。」

事情的演變出乎大家意料之外，東方電機迅速得到三井銀行大筆資金的援助，於是起死回生，逐漸邁出穩健的腳步。

在一九六二年時，年營業額只有二億五千萬圓的東方電機，到了一九七四年，年營業額已高達二百億圓。而木野也在一九七四年，升任爲該公司的社長。木野事後回憶說：「在松下先生指派之下，我在一九六二年到東方電機時，就像沒帶一兵一卒的部隊長被送到戰場上，內心怕怕的。後來我才體會出那是老闆有心藉此機會磨練我，訓練我，在艱苦環境中學到的經營技巧，那是畢生難忘的。」

經營法4　談領導

社長是幫員工端茶的

「對盡責的員工要滿懷感激，如同親自幫他們端茶。」

——松下幸之助

在二次世界大戰之前，日本社會封建思想濃厚，老闆與員工之間的階級劃分得清清楚楚。老闆的命令就等於是聖旨，部屬沒有討價還價的空間，只能拚命去完成。當時的員工是比較好管的。

二次世界大戰之後，由於民主的潮流吹向日本，勞工地位因之而提高，勞資糾紛層出不窮，再加上輿論的推波助瀾，勞工勢力銳不可擋，企業家都叫苦連天，連松下也不例外。

把員工當成顧客

剛開始，松下因爲提不出妥善的因應措施而苦惱萬分。有一天，他突然想起一位哲人的話：當無法改變事實時，就改變你的想法。

那一瞬間，他想通了，既然勞工地位的提升是不變的趨勢，如果把員工都當成顧客看待的話，爭執就迎刃而解了。

松下指出，如果把員工都當成顧客，他們就像顧客一樣，有權提出一些無理的要求，他的內心雖然不平，卻必須盡量使他們滿意，以使他們樂意購買商品。因此，把員工當成顧客，即使是無理的要求，最後也會以感激的心情去接受。這麼一來，所有的糾紛自然化於無形。

松下曾說過，社長必須兼任端茶的工作。他的意思並非社長要親自去端茶，而是隨時隨地懷抱此種謙遜之心，對努力盡責的員工，要滿懷感激之情。因此，他每天上班後都會自問：「今天要給幾位員工端茶呢？」

松下說：「如果社長能把感激之情誠摯地表達出來，當然會使員工振奮，因而更加倍努力工作。其實社長只要心懷感激，在舉手投足間自然會流露出你的心意，雖然我沒給員工端過茶，但我發現員工都感受到我的感激之情。」

當松下電器還是小工廠時，松下身體不好，一年之中平均要在床上休息兩三個月，然而員工自動自發，勤奮工作，不但白天努力，而且晚上經常偷偷加班。松下知道後，怕員工累壞身體，當面阻止他們；可是，過了一段時間，卻又故態復萌。

松下統御領導的秘訣何在呢？他爲何能讓員工爲他賣命呢？

他自認書唸得不多，身體又不好，因此他覺得每一位員工都比他偉大，有的學問比他好，有的口才比他好，最起碼身體比他好。這些比他好的人都來當他的屬下，令他十分感激。這些感激之情，他沒用言語表達，但員工都感受得到，因此，才會自動加班，勤奮不懈，這才造就了今日的松下電器。

根據員工人數的逐年增加，松下統御領導的方式逐年做修正。

他說：「當我的員工在一百人左右時，我要站在員工的最前面，以命令的口氣，指揮部屬工作；當我的員工增加到一千人時，我必須站在員工的中間，以誠懇的口氣，請求員工的鼎力相助；當我的員工達一萬人時，我只要站在員工的後面，心存感激即可；當我的員工有五萬或十萬人時，除了心存感激還不夠，必須雙手合十，以拜佛的虔誠心來領導他們。」

責罵多於稱讚

管理學上有蘿蔔與棍棒理論，意思是：管理員工好比駕馭驢子一樣，要驢子努力拉車，一方面要餵食蘿蔔獎勵，一方面要用棍棒擊股鞭策。而松下的統御領導，一方面對盡責的員工，滿懷感激；另一方面對犯錯的員工，毫不留情地嚴厲斥責。兩者之間，似乎有異曲同工之妙。

日本名管理評論家三鬼陽之助說松下有好幾副臉孔，有時慈祥得像菩薩，有時凶狠如惡鬼。後者一定是指他罵人的時候。

松下說：「用人之道，貴在自然，該生氣就要生氣，該責罵就要責罵，千萬不可矯揉造作。」

對於公司的新進員工，松下認為要多指導與責罵，偶爾才稱讚。

他說：「每一個人都喜歡稱讚，稱讚固然能產生激勵的效果，但被稱讚者易產生自滿與驕傲的副作用，因而鬆懈下來，疏忽職責，此例屢見不鮮。因此，對於新進員工，我認為指導與責罵應多於稱讚。」

另外，對於犯錯的員工，松下認為主管一定要嚴厲斥責。

他語重心長地說：「對一個年輕人來說，挨罵實在是最寶貴的人生體驗。主管責罵你時，表面上看來就像兇神惡煞，令你顏面盡失，痛苦萬分；事實上，主管是藉著責罵的過程在教導你。主管關心你才會罵你，愈關心你，罵得愈厲害。如果你有這種體認，就能虛心接受主管嚴厲的責罵，甚至對責罵產生感激，心悅而誠服，進而發憤圖強，勇於改進。」

管理教科書都主張主管們「規過於室」：私底下責罵以顧全部屬的顏面。松下的做法剛好相反，絲毫不考慮面子的事，都在眾人面前惡狠狠地痛罵。

他認爲，責罵的目的在糾正錯誤，是正正當當的行爲，對被罵者而言，又是件值得感激與高興的事，爲何要背著眾人，偷偷摸摸地罵呢！

松下年輕的時候血氣方剛，常在工作的現場責罵犯錯的員工，不是那種輕聲細語、斯斯文文的規勸，而是拍桌子破口大罵。

他罵人雖然既嚴厲又兇狠，但態度嚴肅，立論公正，挨罵者都會感受到其中的眞誠與熱情，所以大都不會感覺被羞辱而懊惱，都會急著去改錯，甚至亦有人因挨罵而更加振奮。

松下此種公開斥責的方式，還有一項好處。因爲員工們大多會犯同一種錯誤，當面公開斥責一個人，其他員工同時得到了教訓，這樣就會避免其他人再犯同樣的錯誤。

如果有人因挨主管責罵而覺得難堪，松下認爲這種人器量狹小，見識淺薄，難成大器。畢竟罵人是件十分累人的事，如果主管不是爲了部屬的進步，何必浪費體力，白費唇舌呢？

松下把後藤罵到昏倒

這則故事的主角名叫後藤清一。他在一九二五年進入松下電器，服務長達二十六年，從實習生幹到廠長，這件事是發生在後藤擔任廠長之時。

他因爲沒經松下的批准，就擅自把員工的薪資調高，松下知悉此事，大爲震怒。

一見面，松下就暴跳如雷，跳腳大罵道：「你什麼時候變得這麼了不起了，擅做主張，調高工資。」

「你以爲你是誰啊？」

「你有沒有搞清楚，到底你是老闆，還是我才是老闆呢！」

松下一邊破口大罵，一邊舉起火鉗敲擊取暖的火爐，由於用力太猛，敲彎了火鉗。

實在罵得太過火，一旁的親戚看不過去，挺身爲後藤講情。結果不但被松下厲聲制止，還把說情的親戚一塊兒罵進去。

確實罵得太兇，後藤因受不了而昏倒。

松下馬上用酒把後藤灌醒，並拿那根敲擊的火鉗給後藤說：「你可以走了。不過，在走之前，要把這根火鉗扳直，因爲它是因爲你才敲彎的。」

後藤如釋重擔，接受火鉗，急忙扳直。

松下看了看還原的火鉗說：「還不錯嘛！你把它扳直了。」

「聽到老闆說了這句話，那顆被痛罵而受傷的心立刻復原一大半。」

當後藤告辭，走到門口，松下的秘書正等著要送他回去。

秘書說：「老闆打電話要我來，他怕你想不開而自殺，特地要我送你回去。」

送到家後，秘書還偷偷交待後藤夫人：「後藤兄被老闆痛罵，傷心過度，說不定會自殺，請漏夜注意他的安全。」

第二天清晨六點多，松下就打電話給後藤說：「是後藤嗎？我沒什麼特別的事，只想問你是否還在意昨晚的事。」

「沒事嗎？那就太好了。」

據後藤事後說：「接到老闆打來的電話，昨晚被痛罵的懊惱，忽然煙消雲散。我緊緊握著電話筒，內心對老闆佩服到了極點。」

請留意松下在痛罵後藤之後的關懷與安撫。

另外，從後藤的實例中可以看出，松下要知道，挨罵者有沒有瞭解他的用意？有沒有反省？而後對工作又是抱持何種態度？如果挨罵者誤解了他的用意，他會用盡方法讓他瞭解；如果部屬因挨罵覺得難堪而懷恨在心，他則認定彼此無緣不如趁早分手。

後藤後來擔任日本三洋電機的社長，他有感而發地說：「我的前半生追隨松下幸之助先生（松下的創辦人），後半生追隨井植歲男（三洋的創辦人）。我被二位先生前前後後罵了不下百次，每次挨罵都覺得有收穫。有一次竟然被松下先生罵昏了。如果我因爲挨罵，逞一時之快，頂嘴而離職的話，絕不會有今天的成就。」

松下說：「挨人罵內心不舒坦，其實罵人者內心何嘗欣喜呢！他的心情比挨罵者更難過。我常覺得，爬得愈高，挨罵的機會愈少，所以，有人斥責你，是一種福氣。」

愛聽部屬眞心話

松下電器有一項優良的傳統：每位員工自認有益於公司的大小意見，都應毫無保留地隨時隨地向主管建議。

松下一向非常重視部屬的意見，他特別愛聽坦誠的建議。

他說：「有任何不滿，都應該坦白地說出來。員工有不滿，可在公司內抱怨，不要到外面發牢騷。」

二次世界大戰之前，松下電器的員工編制可區分爲：一等員工、二等員工、三等員工以及後補員工等四個等級。

有一天，一位後補員工主動求見松下說：「社長先生，我進入公司已有一段時間，自認工作努力，對公司有一定的貢獻，並已具備三等員工的資格，可是至今仍未接到人事升級令。如果我努力不夠，請給予我更多的督促與教導，使我能更勤奮的工作；若是人事部門遺漏了，敬請立刻補辦。」

經過松下指派人事部門調查結果，證實該員表現優異，確實是因人事部門疏忽而遺漏了。於是，立刻補辦手續，並由松下親自把人事升級令授予該員工。

松下對員工們說：「像這種坦率請求的方式，我非常的欣賞。坦白地把心中的不滿或不平說出來，這是松下電器的優良傳統精神。如果各位堅守崗位，勤奮工作，而有疑惑的話，請不要客氣地提出來。倘若心中的不滿不敢說出來，不但自己覺得痛苦，對公司而言，也喪失了一個改進的機會。」

松下表示，任何公司都不可能十全十美，毫無缺點。重要的是，當員工發現公司的缺點時，能主動向主管反應以謀求改進，而不是一味地向外發牢騷。

員工自動向外宣揚公司優點的，必屬好公司；員工到處向外數落公司缺點的，必屬壞公司。身爲經營者，應讓員工有宣洩不滿的管道；當然，最好是讓員工養成隨時隨地自由發言的好習慣。

有鑑於上述的體認，松下一方面隨時傾聽員工的意見，另一方面在下達工作命令時，總是用商量的口吻：我的看法是這樣，你認爲如何呢？

松下說：「傾聽部屬的意見，對領導者而言十分重要，只有這樣部屬才會積極貢獻對策，不斷地有新構想與新方法。相反的，若不善傾聽部屬的意見，部屬因意見不被採納，自然懶得動腦，終究必推諉因循。」

此外，領導者若是一昧地下達命令，而不顧及部屬的感受的話，久而久之必心生不滿，對工作敷衍了事，所以松下常在指示工作或下達命令時用下面兩句話：

「請問你的看法怎樣呢？」（意即要部屬參與意見）

或是說：「我自認能力不足，身體又不好，我做不到，但我知道你能。」（請求部屬幫助）

松下說：「一個人的智慧，一定比不上眾人的智慧。所以，主動聽取部屬的意見，再以商量或請求的語氣下達工作命令，這是領導者用人的正確方法。」

處罰自己，激勵士氣

一九四六年，正好是二次世界大戰結束的第二年，當時日本局勢混亂，經濟蕭條，這時松下電器也面臨了經營上極大的困境。

爲了克服困境，松下舉日本戰國時代名將清水宗治的故事來激勵士氣。

當時，豐臣秀吉率精銳圍攻毛利的高松城。城堡守將清水宗治驍勇善戰，豐臣久攻不下，於是，築了長堤，引洪水來淹沒高松城。

清水彈盡援絕，在城破之前，懇求與豐臣議和，條件是：我切腹自殺以示負責，但請放過我的部屬。豐臣一口答應，於是，清水在眾目睽睽之下，從容地切腹自殺。

松下說：「像清水宗治那樣，肯犧牲自己的生命去救部屬的生命，此種『一將死，萬骨生』的悲壯情懷，怎不令部屬為他拋頭顱、灑熱血呢！我想這是領導統御的珍貴啓示。」

他又說：「當然，目前的社會與古代不同，一個領導者不用為了救部屬而切腹自殺；不過，其道理是相同的，就是身為領導者，當企業遭遇困境時，必須挺身而出，把一切責任都承擔下來。」

為了表示克服困境的決心，松下於一九四六年元旦，公開向全體員工宣誓，一年之內不請假、不遲到。

宣誓之後的第四天，松下離開西宮的住宅搭乘電車到梅田站時，竟不見應該來接他的轎車。過了好一會，轎車來了，松下跳上車，急忙趕往公司，結果遲到了十分鐘。

事後調查發現，司機的遲到並非天災等不可抗拒的因素，純粹是人爲疏忽所致。

他自我檢討道：「我在三天前才立誓，今年絕不遲到、不請假。司機明知我的決心，卻發生這檔子事。除了表示司機把我的誓言當耳邊風之外，恐怕其他員工也沒有徹底覺悟。處在蕭條的困境中，對遲到之事，絕不可等閒視之。」

結果，司機以疏忽職責的理由，被減薪處分。與司機有關的主管，受處罰的一共有八個人。最後，社長，就是松下他本人，應負最大的責任，因此處罰最重，遭扣除當月的全部薪資。

爲了表示對此事的重視，松下不但在朝會中宣布懲處結果，並在年度經營會議中重複談到此事。

松下說：「在此營運極度艱難的時刻，唯有守時守分，發揮我們傳統的勤勞美德，才能提高生產力，突破難關。如果還是渾渾噩噩的話，必陷入萬劫不復之地。」

松下會運用一個小小遲到事件，借題發揮，自己處罰自己，以提高員工的警覺心，並激勵大家的士氣，這充分表現出他在統御領導上的智慧。

給員工夢想與希望

松下認爲，經營者應給員工夢想與希望。

一九五六年，松下發表了一個「五年計劃」，計畫到一九六一年時，把松下電器的年營業額，從一九五六年的二百億提升到八百億。

當時，有人認爲不應把此項計畫公開向員工宣布，因爲這等於把業務機密洩露給競爭對手。松下爲了給員工夢想與希望，他堅持公開宣布。

結果「五年計畫」只花了四年時間，也就是在一九六〇年就達成了。到了一九六一年，總營業額突破了一千億。

一九六〇年，松下又公開宣布，從一九六五年起實施「每週上班五日制」的新計畫。

在這五年的努力期中，松下電器將士用命，全力提高生產力。結果在一九六五年四月十六日，在收入不減的情況下，實施了「每週上班五日制」的新計畫。

到了一九六七年，松下又公開宣布，員工的薪資調升兩倍，使員工的薪資與美國相當，並超越歐洲國家。結果也在全體員工努力之下，達成了預定目標。

松下謙虛地說：「上述這些成果固然值得驕傲，但這都是全體員工努力的成果。充其量，我只不過是一盞目標的指示燈罷了，談不上有什麼功勞。我的貢獻只是，站在員工的背後替他們泡茶、端茶，表示感激與慰勞，如此而已。」

松下又說：「有夢想，才有力量；有希望，才會拚命。經營者要不斷地給員工夢想和希望，這樣他們才會熱烈地參與公司，並盡心盡力貢獻他們的一切。」

經營法5　談良師益友

跟和尚學大將風範

「太田先生對部屬說：『你不行，我來辦。』，又說『我來辦，你辭職。』短短兩句話，就做好了授權。」

——松下幸之助

松下一生中，結交過許多良師益友，對他經營事業與面對人生問題上皆有諸多啓發。以下是這其中六個較重要的例子。

和尚顧問加藤大觀

加藤大觀原是一名刺繡工人，年輕時，不慎受傷而變成瘸子。因爲他自認瘸腳無法用藥治好，所以虔誠信佛，皈依眞言宗。

經過了三年的修行，他的腳竟然不藥而癒，雖然沒人敢確定瘸腳的痊癒與信佛有關，但復原是事實，所以，他自願出家當和尚，普渡眾生。他每天除了唸經拜佛之外，也替別人祈禱，並解答各種疑難問題。

起初，松下遭遇若干經營上的疑難，跑去請教加藤。到了一九三七年十二月，松下乾脆聘請他當專任顧問。從一九三七年到一九五二年（加藤去世，享年八十三）的十五年間，加藤一直和松下住在一起。

每天早晚，加藤都替松下唸經禱告，兩人經常就生意上或生活上的問題交換意見。加藤總是站在佛的觀點表示他的看法。

松下請教他爲何長期失眠，加藤直言相告：「您的慾望太多了。既愛名譽，又要事業發達；既想遊山玩水，又要服務社會。」

對於松下的事必躬親，加藤說：「您已身爲大將了，大將是不能隨便離開大本營的，有事派個部長去做就行了，這是合理的制度，也是大將應有的風範。」

當松下電器遭到不景氣的沉重打擊，加藤就會安慰松下說：「生意的好壞，就像港口來往的船隻一樣，有出航的，就有回航的。戰爭也是一樣，有時勝利，有時失敗，只有最後的勝利才算眞正的勝利。一時的衰退，不用太慌張，只要堅持下去，情況必會好轉。」

加藤分析事情客觀、公正，令人欽佩。一般顧問總是護主心切，常打擊往來對手討僱主的歡心；可是加藤主張生意必須彼此互惠，來往才會愉快，因此他主張任何契約都要雙方都滿意才最妥當。

松下說：「加藤先生的意見，大多很寶貴，但也有我無法採納的。這時我的做法是，可用則用，不可用則不用。身爲經營者對顧問的建議，就像古時大將對軍師的建議，應有判斷與消化的能力。如果處處受制於顧問或軍師，必敗無疑。」

在十五年的朝夕相處中，當松下受挫而沮喪時，加藤的話，就像一盞明燈，不但掃除他心中的迷惘，而且帶給他無比的勇氣。另外，加藤向松下闡釋的佛學，使他對人生有更深入的體會。

奮戰到九十七歲的江崎利一

江崎利一是日本著名的固力康糖果公司的創辦人，他早年在佐賀縣上班，過了四十歲，才出來創業。他所創立的固力康公司，以「一粒三百公尺」（意指吃一粒糖可跑三百公尺）、「附贈品銷售」、「跑步中的青年」等新穎的行銷文案策略而發跡。

江崎比松下大十二歲，但他在一九二二年才白手起家，比松下晚了四年。兩人於一九三三年，因同時接受新聞單位的招待，在熱海旅行時，住同一寢室而認識。

由於氣味相投，兩人乃合組「白手會」（白手起家者聚會的意思）。藉著「白手會」的名義，定期聚會，除了見面聊天之外，並時常交換經營上的心得。直到一九八〇年，江崎以九十七歲高齡壽終，兩人相交四十七年。對松下幸之助而言，江崎既是無話不談的諍友，也是他尊敬的經營老師。

固力康因受二次世界大戰的影響，產銷遭受破壞，江崎帶著他三十歲的獨子誠一，篳路藍縷，努力重建。誠一經常向松下請教一些經營管理的問題。

在江崎父子努力之下，固力康逐漸恢復舊觀。正當江崎打算把經營的重擔移交給兒子誠一時，不料誠一卻以三十九歲之壯年猝死，造成了白髮人送黑髮人的悲慘局面。

江崎固然悲痛萬分，但孫子勝久年幼，所以他以六十六歲之老年，毅然背負起固力康的重責大任，發揮他高度的熱忱，奮戰至九十七歲倒下爲止。

松下說：「江崎先生具備比常人多一倍的熱忱，這是固力康成功的原動力。從江崎先生旺盛的生命力身上，我學到了在面臨重大打擊時，如何不輕言放棄，堅強的奮鬥到底。他眞是一位化悲憤爲力量的好漢。」

就在江崎去世後第二年，也就是一九八二年，他的孫子勝久就任固力康的社長。江崎在經營管理上的熱忱、創新與堅持，也都在勝久身上流傳下去。

光明磊落的山本武信

山本武信是大阪山本公司的老闆，該公司爲化粧品的批發商與出口商，一九二三年後生意興隆，營業額超過松下電器，信譽卓著。

山本十歲就到大阪船場當學徒，並從實際經驗中學到做生意的訣竅。

他爲人重情義，於創業成功後，舊東家因經營不善而沒落，他主動負擔舊東家一家人的生活，並協助舊東家起死回生。

最令人敬佩的是，他光明磊落，坦然面對失敗。

在一次世界大戰之前，化粧品出口暢旺，山本賺了很多錢。大戰結束後，出口停止，山本庫存的化粧品大幅跌價，一夕之間，他從富翁變成乞丐。

在宣布破產之前，他決定把所有的財產（包括個人的金鍊與太太的金戒指）都交給銀行處理。銀行對山本的誠意極為感動，因為一般人在面臨破產之時，都是在銀行不斷地催促之下，才會勉強提出隱藏的財產。

銀行最後決定主動貸款給山本，協助他在絕境中反敗為勝。

松下說：「山本先生的光明磊落教人敬佩，的確偉大。我曾想過，如果我是他的話，在那種慘敗的情況下，是否也能勇於負責呢？」

巧妙化解「越區銷售」問題

一九二三年，山本看好砲彈型車燈的市場，向松下取得大阪地區的總經銷權。

當時，商品暢銷，車燈每月銷量達到一萬個，但卻發生越區銷售的問題，原來全國各地區的經銷商都有劃定的銷售地區，而山本把車燈賣給大阪市內的經銷商，而這些經銷商又把商品賣到大阪以外的地區，造成各地區的經銷商向松下提出嚴重的抗議。

松下向山本說：「各地區的經銷商都有越區銷售的問題，請您控制好商品，勿使商品流到大阪地區之外。」

山本說：「我是大阪地區的總經銷，我信守承諾，並沒將車燈賣到大阪以外的地區啊！」

松下說：「我知道您沒越區。可是您賣給大阪地區的經銷商，他們把商品流出大阪地區，因而侵犯了其他經銷商的權益。」

山本說：「這可不行，我賣給本地經銷商，商品流到其他地區是很自然的事，您早該料想得到啊！還有，各地區經銷商進貨的價格一定比流入的價格低，在有利的價格條件下，流入的商品應該不會影響經銷商才對啊！」

此事公說公有理，婆說婆有理，事情愈鬧愈大，最後到了必須攤牌的地步。

山本對松下幸之助說：「如果您硬要我改變目前的銷售方式，我寧願與松下電器解約，不過，貴公司必須付我兩萬圓的違約賠償金。若此案不通，還有一個兩全其美的辦法，就是把車燈全國總經銷權交給我。這麼一來，各地區的經銷商自然成爲我的大客戶，越區銷售的問題我一定會妥善處理，讓大家的權益得到確保；松下電器從此能專心致力於生產，敝公司以總經銷的立場，一定會努力推銷，這豈非一石二鳥之計嗎？」

松下聽了，內心嘆服：「山本先生眞厲害，整個經銷權的問題，分析得如此透澈，又能提出合理的解決方案。以後做生意，該好好向山本先生多學習。」

到了一九二五年五月，松下就把車燈的全國經銷權授予山本公司。

堅定不移的太田垣士郎

松下最尊敬與佩服的朋友，就是關西電力公司的社長太田垣士郎。

他比松下早九個月出生，畢業於京都大學經濟系，在日本信託待了五年後，進入京阪神鐵路公司服務。因表現優異，二次大戰後不久，就晉升京阪神鐵路公司的社長。

後來，太田在關西電力營運艱困的情況下，由於各方的推選，接下社長的重擔。

在他慘澹經營下，終轉危為安。在能源危機的十九年之中，物價波動了好幾次，但關西電力在太田主持之下，始終能夠不調整電費，成為穩定物價的大功臣。此項成就，被視為奇蹟。

果斷取消員工特權

太田在社長任內，最膾炙人口的一件事就是：取消員工免費搭乘市營電車的特權事件。

關西電力的員工可以免費搭乘市營電車慣例，由來已久。此事早已引起市營電車員工的極度不滿，群起抗爭道：「既然關西電力的員工享有特權，搭乘免費電車；相對之下，市營電車員工家裏的用電，當然也必須免費，最起碼也要半價優待。」

爲了此事，雙方鬧得很僵。

太田知悉此事，在深入瞭解後，認定關西電力的員工免費搭乘電車，非常不合理，有徹底改進的必要。

他立刻召見負責勞工事務的幹部說：「很明顯地，員工免費搭乘市營電車，是特權行爲，這實在愧對付錢的電車乘客，請立刻取消此項優待。」

「報告社長，取消優待是不可能的，那會引起員工嚴重抗議行動。」

原來當時工會運動風起雲湧，銳不可擋。在太田之前的幾任社長也曾考慮處理此棘手問題，但都因畏懼工會龐大的勢力而退縮了。

太田不怕工會，果斷地對幹部說：「免費搭乘市營電車，我知道對員工有益，但那是不正當的既得利益，必須立即放棄。若工會還是堅持己見，執迷不悟的話，公司將把眞相告訴輿論界，讓輿論協助公司處理此問題。」

「這個嘛……」

「倘若你認爲還是無法處理的話，就交給我來辦啊！不過，既然你連一個小小的特權問題都解決不了，留你何用，請你辭職吧！」

幹部聽了，大吃一驚道：「有辦法，有辦法，我將遵照社長提示的方法努力去做。」

於是，關西電力取消員工免費搭乘電車的權利，並與市營電車取得共識，開始嚴格取締特權搭車的員工。

剛開始自然遭到工會的嚴重抗議，並吵鬧不休，最後由於自己的立場站不住而垮下來，乖乖地付費搭乘電車。這一延宕多年的懸案，因太田的果斷與擔當才迎刃而解。

松下說：「太田先生對部屬說：『你不行，我來辦。』這表示公司一定要完成的決心；接著他說：『我來辦，你辭職。』其用意在激發部屬的責任感。短短兩句話，就做好了授權。」

松下又說：「在世界上，才智出眾的人很多，但才智出眾，又能秉持原則，堅定不移的人很少。而太田先生正是那少數人中的一個。」

首席大企業家石坂泰三

石坂泰三生於一八八六年，卒於一九七五年。他在一九五六年時，以日本經濟組織聯合會(Federation of Economic Organization)會長的身分，解決了貿易、資本自由化等問題，成爲日本戰敗後經濟瀕臨崩潰時，起死回生的大功臣，因而博得「日本首席大企業家」的美譽。

一九四九年，石坂在三井銀行的總裁佐藤喜一郎長達半年的勸說下，答應擔任東芝電器的董事。又經過半年，石坂出任東芝的社長。

松下是在石坂出任東芝的社長時，才彼此認識的。石坂當時就因他極佳的經營能力而聲名遠播。所以，松下對石坂的人生觀、社會觀、經營方法都非常留意。

石坂接掌東芝時，座落在川崎的總廠約六成毀損，兩萬兩千名工人一再罷工示威，整個公司一片混亂，瀕臨破產。

面對勞工激烈的抗爭，石坂打出「三等份」的口號：客戶、勞方、資方三方面利益相等，各占一份。結果在獲得勞工領袖的充分支持下，勞資雙方同舟共濟，奇蹟似地使東芝電器敗部復活。

石坂的成功震撼了整個企業界。

引進西方新觀念

在二十世紀的五〇、六〇年代，石坂所引進的新觀念，對日本的企業界影響至爲深遠，諸如：

- 日本商人應該學習西德商人，以道德重整做爲企業發展的原動力，並以之爲重建日本的精神骨幹。
- 他斷然地修正日本企業傳統的「大家長制度」，並引進西方的「績效制度」。
- 應學習美國的經營者，在經營時考慮對象的優先次序爲：客戶第一、員工第二、股東第三。
- 美國的企業家認爲，市場並非自然存在，而是創造出來的。此點值得日本的企業家深思。

氣魄懾人的坂口保雄

松下有一友人名叫坂口保雄，任職於某信託公司。有一天，他來拜訪松下，並向松下推銷一家工廠。

「屬於敝公司所有的一家工廠亟待整頓，那是一家很有發展前途的工廠，如果松下先生能夠買下來的話，一定會成爲卓越的公司。」

坂口很有耐心地向松下解說該工廠的好處，三十分鐘後，松下被坂口熱誠的談話感動了。

「既然如您所說的那麼好，我就買下來吧！」

「眞的嗎？」

「當然是眞的，不過我有一個附帶條件。」

「什麼附帶條件？」

「其實，敝公司正在急速成長之中，深感人才缺乏，如果閣下能加入松下電器的行列，同時擔任這家工廠的負責人，我就決定買下，您意下如何呢？」

「松下先生，您的好意我心領了，我身爲信託公司的『社長』，怎麼能辭職來經營這家工廠呢？」

「您是社長？您不是職員嗎？」

「不錯，我是職員。可是，我一向都抱持著社長的心情在工作。眞抱歉！社長是不能辭職的。」

松下聽坂口這麼一說，深爲「抱持著社長的心情在工作」的氣魄而動容了。

因愛才積極挖角

松下一向堅決反對挖角，但他愛才如命，很珍惜像坂口這樣的人才。後來，松下託人光明正大地請求信託公司眞正的社長放人。

剛開始，社長說什麼也不放人，經過一再地懇求，並告之讓坂口到松下電器對信託公司的業務益處更大，才說服社長放人。

一九六一年十二月，松下以坂口的實例勉勵員工們說：「各位在工作時，若抱著應付的態度，那不但工作單調，而且容易厭倦，結果是績效不彰，自己的潛能也無從發揮。人生最大的幸福，就是對工作發生興趣，並體會出工作的價値感。我誠懇地勸告各位要培養如坂口先生那樣的氣魄與心態。」

經營法6　談敬業精神

對工作有信仰

「如果不能秉持『為工作而賭命』的敬業精神，絕不可能成為名副其實的專業人才。」

——松下幸之助

子曰：「三人行，必有我師焉。」下面介紹的這八位，都是松下心儀的典範人物，這些人對工作與事業展現了極致的敬業精神與專業態度，即便是松下這樣一位大企業家，也深表敬佩與讚賞。

願爲工作犧牲生命的攝影師

一九五八年的八月間，美國的《商業週刊》（*Business Week*）爲了配合一篇即將要刊登的文章，需要一張松下的照片，於是派了一名攝影師到日本給松下拍照。

雙方約定在松下電器總公司展覽室內見面。當松下在約定的時間準時到達時，攝影師爲了取一個最好的背景，早在一個半小時前就到達了。

一切就緒，立刻開拍。因爲美國《商業週刊》只要一張照片，所以，依松下的推測，頂多拍個兩三張就足夠了。沒想到攝影師在一小時內，給松下拍了近一百三十張照片。

攝影師平均每三十秒給松下拍一張照，但並非連續不斷地拍，其中經常要更換背景，而且還得指示松下把頭左移、右移、擡上、擡下，甚至微笑一下，或做出談話的姿勢。等準備工作就緒，攝影師就像著了魔似地，以熟練的動作，快如閃電地按下快門。

松下後來回憶說：「我生平拍過許多的照片，但一次拍那麼多又那麼快，還是破題兒第一次。那位攝影師的工作態度與工作精神使我敬佩不已，爲了進一步瞭解他，所以請他喝茶聊天。」

原來他是美國新聞通訊社的專業攝影人才，新聞通訊社可應實際的需要，派遣他到世界各地去工作。他也經常接受《時代雜誌》（*TIME*）、《生活雜誌》（*LIFE*）或《商業週刊》等著名雜誌的委託，四處去拍照。

在給松下拍照的幾天前，攝影師爲了取得八二三砲戰的實況，親赴金門與馬祖，在槍林彈雨中，抱著照相機，從這個戰壕滾到那個戰壕，獵取了許多珍貴的鏡頭。

有一次，當他在拍照時，突然有一顆砲彈落在他的身旁，千鈞一髮之際，他急速滾進一個散兵坑，就在那一刹那，砲彈爆炸了。他只要慢個一兩秒，就會被炸得粉身碎骨。

攝影師告訴松下：「爲了工作，我願意犧牲一切，包括我的生命在內。」

松下肅然起敬說：「這才是眞正的專業。如果不能秉持『爲工作而賭命』的敬業精神，絕不可能成爲名副其實的專業人才。」

專業即信仰的理髮師

松下每次從大阪到東京處理事務時，常會抽空到一家理髮店去理髮。

理髮店的老闆名叫米倉，畢生從事理髮工作。有一天，他以包袱巾當禮物，送給理髮公會的會員們。包袱巾上印有「事業即信仰」四個字，意思是：每個人都必須對自己的工作有信仰。

米倉對松下說：「我今年已經七十歲了，但我仍以每天能爲顧客理髮而雙手合十叩謝。就像您每次到東京來，就光臨敝店，這實在太好了。我認爲，沒有比對自己的工作有信仰更值得高興的事了。」

松下聽了，深受感動，內心忖道：

●米倉先生的話很有道理，對工作有信仰的人，才會產生使命感，把顧客當神佛一般看待，以最虔誠的心去服務顧客。

●對工作有信仰的人，每天樂在工作，從工作中才會產生尊嚴與喜悅。

●社會上的任何工作，都是因爲社會有需要才成立的。譬如說：有人想要修剪頭髮，才有理髮店的成立；有人想要穿皮鞋，才有皮鞋店的成立。所以，任何工作並非是你在做，而是社會要你去做的。

●既然所有工作都是應社會的需要去做的，所以，只要依照社會的需求，誠誠懇懇，盡力盡心去做就好了。至於工作是否有發展，非自己能掌控，完全由社會來決定。

●我的工作是社會賜予我的，所以，我必須以回報社會之心努力工作，否則工作本身就毫無意義了。

拒絕升遷的老守衛

在歐洲某國家的日本大使館裏，有一個年紀滿大的守衛。因爲他在該使館工作多年，盡忠職守，認眞負責，他的上司有意提升他到一個較高的職位。

不料首先反對升遷的，竟然是老守衛本人。

他問上司：「究竟我出了什麼錯，爲什麼要把我調離守衛的工作呢？」

上司答道：「你非但無過還有功，因爲你表現優異，使館要升你的職位啊！」

「我身爲一名守衛，忠於職守，忠於崗位，這正是最高的榮譽。我拒絕接受任何新職位。」

不管上司怎麼解釋，老守衛還是很固執地拒絕了升遷的美意。

松下說，當他聽到老守衛的舉動，便想起勞倫斯・彼得（Laurence J. Peter）博士於一九六九年提出的「彼得原理」理論。

該原理闡述的是組織病態的現象。在一個正式的層級組織裏（包括企業、工廠、學校、政府機構等），包含若干不同層級的職位，而在組織內任職者必定身居某一層級。某甲在目前的職位上，不外勝任或不勝任兩種狀況。當其高一層的職位出缺時，若某甲不能勝任目前的工作，自然無法晉升；若某甲勝任目前的工作，勢必獲得晉升。某甲在新的職位上，若不能勝任，則留在那一層級；若能勝任，又要繼續晉升。

彼得的結論是：假設組織裏有足夠的層級，每個員工都將晉升到自己不能勝任的層級。換言之，組織裏的每個職位，最後都將由不能勝任的員工所佔據。

在松下的眼裏，老守衛頗有智慧，他因爲不願晉升到自己的無能級，所以拒絕升遷。

松下讚嘆道：「一個尊重工作的人，一定以其工作爲傲。你看那位老守衛，他活著多麼有尊嚴。」

拒收小費的黃包車夫

一九一四年，松下二十一歲，他在大阪電燈公司當技工。

當時大阪市內還沒有汽車，在市區難波火車站下車的旅客，唯一的交通工具就是，停在車站外排成一列的黃包車。

有一天，有一個旅客走出車站，搭乘一輛黃包車。

年輕的車夫腳程很快，迅速地把乘客載到目的地。

車資是一角五分錢。乘客從口袋裏掏出了兩角給車夫說：「不用找了，剩下的五分錢是給你的小費。」

「不！我不能收你的小費。」

「什麼?!」

「我只幹一角五分的工作，怎能收兩角錢的酬勞呢？這是找你的五分錢。」

「別囉嗦了，叫你收你就收。」

「我絕對不接受任何不勞而獲的錢財。」

雙方經過一番的爭論與拉扯，最後，乘客只好被迫收回那五分錢的小費。

松下耳聞此事後說：「那個年輕車夫的處世態度，令人既敬佩又感動。在那個年代，許多人都樂於接受小費，而他竟能深刻體認到：以一角五分錢的工作去索取兩角錢的報酬是可恥的。」

松下又說：「後來我辭掉大阪電燈公司的工作，開始創業時，心中老是惦記著那個年輕的車夫，我非但要效法他，而且也要時常提醒自己，絕不能輸給他。」

若干年後，那個年輕的黃包車夫在事業上非常有成就。

松下指出，他一定有一顆正直而坦率的心，否則如何培養出他那問心無愧、光明磊落的情懷呢！

從基層學起的年輕人

松下曾經遇見過一個奇特的年輕人。

這個年輕人才十七歲，生長於富裕的家庭，從小立志當旅館經理。他在高中一年級時，竟能說服雙親與學校的老師，中途輟學，到一家旅館打掃房間，從最基層學起，以便完成他當旅館經理的志願。

松下問他：「你爲什麼不等到大學畢業後，再到旅館內工作呢？」

年輕人答道：「要成爲一名傑出的旅館經理人員，要學的東西實在太多了，諸如：打掃房間、清洗被褥、水電保養、環境美化、服侍旅客、櫃檯接待、旅館管理、烹調燒煮等等都得精通，等我大學畢業就來不及了。」

年紀輕輕就對自己的工作有深入的信念，令松下十分訝異，也對年輕人得體的應對與流利的口才留下深刻的印象。

松下說：「這個年輕人給我上了一課。無論你從事何種行業，最重要的是，必須在年輕時從基層學起。年輕學得快，記得牢。從基層學起，才能累積經驗，培養出實力。」

當今日本社會極爲重視學歷，松下對此大不以爲然，他強調：「決定一個人成功與否的關鍵在實力，不是大學學歷，而實力是從經驗中培養出來的。」

松下補充說：「有人爲了學術研究或特殊能力，必須到大學或研究所去學習。除此之外，我認爲校外是一個更好的學習場所，在社會上能夠學到許多寶貴的東西。」

自助而後人助的女侍

有一個婦人在東京某旅館工作十五年之後，為了安頓年老後的生活，在徵求旅館老闆同意之後，計畫自己開一家旅館。在覓妥恰當的地點後，所欠缺的只是資金了。

有一天，她與一位多年的熟客聊起開旅館的事。

婦人說：「在旅館老闆同意之下，我決定開一家像這樣的旅館，我已找妥場所，但資金仍嫌不足，您能夠借我一些嗎？」

熟客問：「妳手頭上有多少資金呢？」

婦人答道：「我在這家旅館服務十五年的收入，省吃儉用後剩下的全都存起來了。但仍然不夠，所以希望您能幫助我。」

熟客聽她這麼說，毫不猶豫道：「好！不夠的部分我借給妳。」

這件事情使松下深受感動，暗忖道：

● 在一家旅館內兢兢業業工作十五年的女侍，與那位慨允借款的客人，都值得我們尊敬。

● 客人為何會那麼爽快地答應資助呢？一定是被女侍十五年來辛苦攢錢的耐心、毅力與氣魄所感動吧！

● 輕易得來的錢，必定去得更快。只有辛苦賺來的錢，才不會輕易花掉；以辛苦賺來的錢當做本錢，才會帶來更多的錢。明白此道理，婦人能輕易向熟客借到錢，也就不足為奇了。

● 同樣是錢，可是經過十五年積存下來的血汗錢，與輕易獲得的錢，在價值上有天淵之別。因此，不但有人願意借錢給她，我想還會有更多的人會幫助她。

松下說：「不只在金錢上如此，我們在向別人求教問題時，其道理也是相同的。凡事經過自己搜索枯腸後，再向別人請教，與不動腦筋就向人請教，二者之間，差別極大。」

不爲求財的眼鏡行老闆

很久以前，松下接到一封來信。

「我是北海道札幌市一家眼鏡行的老闆，最近在雜誌上看到您的照片，發現您的眼鏡與臉型極不相配，我誠懇地建議您換一副。」

松下客氣地回了一封信，委婉地拒絕。不久後，他就把這件事忘得一乾二淨了。

十年後，松下應邀到札幌市演講。講完後，有個六十多歲的聽眾走近講台向松下說：「我就是十年前寫信建議您換眼鏡的人，您的眼鏡仍是十年前那一副，無論如何，讓我給您配一副新的吧！」

由於被眼鏡行老闆的熱忱所感動，松下決定配一副新的。

「您這副老眼鏡戴很久了，您的視力可能已有變化，如果您方便的話，請到我們店裏檢查一下，只要十分鐘就行了。」

次日，松下抽空赴眼鏡行檢查。

到達之後，松下發現那是一家規模宏大的眼鏡公司，生意非常興隆，而且所用的檢查儀器都是最精密的。

最令松下欣賞的是公司裏三十幾名的店員，他們都在二、三十歲左右，個個面帶微笑、態度和藹，而且精神抖擻、動作敏捷。

突然間，松下頓悟到：這家眼鏡行老闆堅持替我配眼鏡，絕不單爲了賺一副眼鏡的錢，一定另有用意。

「老闆，您店裏生意這麼好，工作又這麼忙，您怎麼有空寫信給我，又怎麼會一直堅持要我配新眼鏡呢？」

「原因很簡單，您不是經常到國外考察或旅行嗎？如果您戴著那副老眼鏡，會被外國人譏笑日本沒有夠水準的眼鏡公司，這一點我認爲是日本人的恥辱。」

聽完解釋，松下爲之動容，暗忖道：「他實在是日本第一，也是世界第一的眼鏡行老闆，他已把我的視野帶到國際商業舞台上。我也學到對生意更寬廣的見解：一味地追求利潤，不是眞正的生意；誠心地爲顧客的利益而努力，這才是眞正的生意。」

樂在工作的老太太

有一個老太太，在人煙稀少的山上過著獨居的生活。

她在山上開了一間小茶館，供來來往往的旅客歇腳時飲用。每天一大早，她就備妥了茶水，不論晴雨，總是熱誠地服務旅客。

日子久了，旅客們都知道山上有一家茶館，他們也都很樂意在茶館休息喝茶。老太太非常瞭解旅客們的心情，所以一年三百六十五天從不關門。即使她生病了，也勉強起身燒茶水，以供應旅客。

旅客們知道這家永不關門的茶館，永遠不會讓他們吃閉門羹，所以他們對老太太充滿感激。老太太也永遠笑容可掬地爲他們服務。

松下說：「一想到這位老太太，我敬畏之感油然而生；她不但忠於工作，而且樂在工作。她不把茶館當做私有的，而是屬於來往的旅客們所共有。這就是她永不關門，讓壺裏的水一直沸騰的道理所在。」

松下又說：「我想老太太在服務旅客時，根本不把賺錢與否這件事擺在心上。促使她熱誠工作的原動力，來自她與眾多旅客間的無言契約。我可以想像得到，老太太每天燒妥茶水，打開店門時，等待旅客到來時那份快樂的模樣。」

經營法7　談經營理念

用素直之心看問題

「凡事必須以素直之心去觀察，才能看出事物的真相。」

——松下幸之助

松下的經營理念中，最膾炙人口的就是，他在每一本著作中都再三強調的素直之心。

松下說：「經營管理的秘訣，就像雨天打傘、晴天收傘一樣，凡事必須以素直之心去觀察，才能看出事物的眞相，並求得合理的解決方案。」

何謂素直之心，就是赤子之心、率眞之心、純淨之心、也就是不被感情、私慾、成見所迷惑，而能公正、無私、坦誠判斷事物之心。

松下指出，素直的心就像水一樣，具備有下列五大特性：

一、本質不變，而又能隨外物做調整。

二、阻力愈大，其勢力也愈增強。

三、本身永保純潔，又能洗滌污垢。

四、汽化（編註：物質從液體轉變爲氣體。）成爲雲霧，凝固則爲雪霜，但本質不變。

五、從高處往低處流，永不休止。

他說：「有素直之心的人，必定也具有水的特性，非但勇於追求事情的眞相，而且有很大的融通性，可隨不同的情況而自我調整，並產生巨大的力量。」

不鳴的杜鵑

從下面「不鳴的杜鵑」故事中，就可知道松下如何以素直之心不亢不卑地正視問題。

眾人皆知，日本戰國三雄對「不鳴的杜鵑」處理的方式均不同。

織田信長爲人霸氣，故說：「杜鵑不鳴，則殺之。」

豐臣秀吉爲人權謀，故說：「杜鵑不鳴，則誘勸之。」

德川家康爲人隱忍，故說：「杜鵑不鳴，則等待之。」織田用神勇取得天下，豐臣用謀略取得天下，德川鬥不過豐臣，耐心等豐臣亡故後，順利取得天下。此故事傳神地反應三個人的聰明才智與人格特質。

有人請問松下對「不鳴的杜鵑」處理的方式。

松下淡淡地答道：「不鳴也罷！」

因爲他以「素直的心」看待萬物眾生，才會做此回答。

松下認爲，擁有素直之心的人，心胸開闊、目光遠大，處理事情均能跳出偏見與成見，從客觀面看出事情的眞相，並作出正確的判斷。

爲了培養自己的素直之心，松下每晚就寢之前，都會好好自省一番：這一天是否遵照自然的法則？是否順應社會大眾的需要？是否接納員工的意見？凡事是否公正、無私、坦誠等等，最後感謝蒼天的照顧之後，才安然入睡。

誠的哲學

松下畢生堅持的「誠」的經營哲學，從下面兩件事即可證實。

一、公開研發機密給新進員工

松下電器早期的產品中，有一種改良式附屬插頭，因物美價廉，極為暢銷。業界都把此產品的製造過程列入高度機密，只有親信才得知，但松下卻毫無保留地教給新進員工。

同業知道後，問松下說：「聽說你把改良式附屬插頭的製造方法教給新進員工？」

「是啊！」

「這不等於公開製造的機密，太危險了，萬一機密流出去，競爭對手會增加，這對松下電器很不利啊！」

「謝謝你的忠告，但我毫不擔心。因爲員工知道製程是機密，若洩漏出去，公司必受損失，所以他們不會這麼做。」

松下以誠信治理公司，老闆與員工之間彼此誠信相待，老闆先要信任員工，員工自然會保守機密，以誠信回報。

二、坦然面對稅金

早年，日本的稅務員查稅的方式很簡便，他們只是到公司附近的寺廟，然後由各公司派員到寺廟申報，賺五百申報五百，賺一千申報一千，簡單明瞭。

一九二一年，松下電器賺了五千元，就誠實申報五千元。結果，稅務員認爲賺太多申報金額太高，必須到公司查帳。

松下爲此十分懊惱：據實申報，反而惹來麻煩，眞倒楣。

不久，稅務員前來查帳。彼此因認定不同，稅務員認爲公司還要繳五千盈餘的稅，並揚言隔一日還要來查。

爲此，松下當晚失眠了。到了第二天晚上他想通了：「我所賺的錢，雖然法律上承認是我的，其實還不是國家的。既然是國家的錢，要拿就拿去吧！」

第三天，稅務員再來查帳時，松下坦然以對道：「我想了兩個晚上，反正工廠與錢財都屬於國家的，只是託我管理罷了！你想課多少稅，儘量課吧！」

稅務員楞了楞道：「沒你說得那麼嚴重吧！就按你申報的課稅好了。」

松下說：「身爲經營者，最重要的是有一顆眞誠的心。那就是不被利害、情感、成見所迷惑，能夠公正判斷事物之心。」

玻璃式經營法

松下在創業初期，員工只有七、八名時，即公開公司的盈虧。每個月他都和公司的會計結算盈虧後，公開向員工發表。

員工們都半信半疑。因爲當時沒有人這麼做，何況大多數的老闆都迷迷糊糊的，根本不確定自己每個月做多少生意，所以他們都認爲松下不過擺擺譜，做做樣子罷了。

一段時間後，員工們發現盈虧資料是眞實的，都興奮異常，因爲他們看到了自己努力工作的成果。同時，員工們還因知道盈虧產生了可貴的共識：下個月非加倍努力不可。

公開盈虧的做法，激勵了員工的士氣，公司的業績愈來愈高。而且，當公司因業務擴大而設立分廠時，松下把分廠負責人視之爲事業的經營者，讓分廠成爲一個獨立的事業體，也採行公開盈虧的方式。

分廠的負責人每月向總公司報告盈虧。

「本月賺了這麼多。」

「太好了，辛苦你們了。」

或者是：

「本月只賺這麼一點點。」

「加油啊！」

或者是：

「抱歉，本月虧了一點。」

「這樣不行，你們必須好好檢討。」

此種公開盈虧的方式，被松下稱之爲「玻璃式經營法」，意思是：公司的經營有如玻璃一樣的清澈、明朗。如此，才能激勵士氣，並檢討經營得失，更能培養出得力的幹部。

此種做法延續到後來，松下把公司的帳目給產業工會的負責人過目。工會負責人看過帳目，徹底瞭解公司的營運狀況後，自然不會對公司提出無理的要求。如此一來，勞資雙方較易由互信而建立和諧的關係。

水庫式經營法

除了玻璃式經營法，松下還有一套水庫式經營法。

眾所周知，建造水庫的目的在充分利用河川的水。當河水暴漲時，水庫有防洪的功效；在乾旱時節，可用水庫的水來灌溉農田；此外，又可利用水庫的水來發電。

松下把上述建造水庫的道理，充分運用在企業經營上，因此所謂「水庫式經營法」，就是永遠留有某種比率，維持寬裕有餘的經營法。

他早年創業向銀行借錢時，已充滿了「水庫」意識。當時，即使公司只需要一萬元，他還是向銀行借兩萬元，並把多餘的一萬元存入銀行，以備不時之需。

當然，以高利向銀行借出兩萬，卻把其中一萬以低利存入銀行，這中間會有利息損失。可是，若把利息的損失當作是保險費的支出，就不算是損失了。

松下指出，經營一個需要十億元資金的事業，如果只準備十億元，萬一不夠時，那就糟了。所以，需要十億元，應當準備十一億元或十二億元，此謂之「資金水庫」。

除了「資金水庫」外，「水庫式經營法」還需建立「人才水庫」、「設備水庫」、「庫存水庫」、「技術水庫」、「企劃水庫」、「產品開發水庫」等等。換言之，在各方面都要保留運用的彈性，求取經營上的充裕與安定。

千萬別把「設備水庫」與「庫存水庫」，跟「設備閒置」與「庫存過多」搞混了。前者是基於正確的預估，事先保留一至二成的設備或庫存；後者則是因為預估錯誤造成產品滯銷，導致庫存過多，設備也閒置了。

松下說：「經營者就像在高空走鋼索，隨時有摔死的可能。所以他應該評估自己的實力，即使能載得動五十公斤重，也只載四十公斤重就好了。」

改良策略

所謂改良，就是把舊產品縮小、放大、改變形狀或改變功能，也就是把舊產品變得更完美，或讓它具備一些額外的功能。

所有的產品，除了第一代是發明之外，以後都是經由「改良」逐步完成的。

莎士比亞最著名的舞台劇，就屬那齣悲劇王子的復仇記：哈姆雷特。但該劇並非莎翁所創作，而是源自丹麥的一則傳奇故事。那則平淡無奇的傳說，經莎翁改良之後，變成了光芒萬丈的經典名劇。

松下深諳「改良」的道理，他從創業就秉持「改良舊產品、大量生產、降低成本、低價售出」的經營策略，並成功地打出了一片江山。

以電熨斗爲例，一九二七年時，日本的電熨斗售價在五圓左右，因價格偏高，只有高所得家庭才買得起，全國每個月賣不到八千四百個。後來松下電器研製成功的「超級電熨斗」，不但比舊產品輕巧方便，而且售價只有三圓二角（便宜三成六），推出後空前暢銷，每月賣到一萬個，還被政府指定爲優良國產品。

再舉錄影機爲例，SONY首先開發BETA（俗稱小帶錄影機），其錄影帶倒帶時，須經過磁頭，較易磨損磁頭。松下電器針對此缺點精心研究，終於改良出VHS型錄影機（俗稱大帶錄影機），經過大量生產，並降低成本，低價售出，幾年後就擊敗BETA型錄影機，囊括所有的市場。

改良策略具備三個優點：

一、省下市場開拓費用：先前的產品進入市場有一段時日，已爲此類產品花下大筆開拓費。

二、具備競爭條件：在改良後，比先前產品品質更好，價格更低，當然具備競爭條件。

三、成功機率很大：若先前的產品已經普遍占有市場，改良的產品勢必在短期內就取而代之。

經營法8 談人生哲學

勤奮工作，別太關心賺錢

「只要你勤奮而忠誠地工作，錢會主動找上門來。」

——松下幸之助

松下認爲，生與死是一體的兩面，因爲人有生必有死，人生其實就是從出生那一天開始，一步一步走向死亡的過程，所以，準備生，也就等於準備死。

他指出，死亡是無法預知的，而人又經常面對著死亡，正因爲如此，生存的時日才值得我們珍惜，愛惜可貴的生命，妥善加以利用，這就是死的準備，也是生的準備。

因大難不死而悟出生死觀

松下對於生與死的領悟，完全來自於十七歲與二十歲時，大難不死的深刻體會。

他在十七歲時，辭去腳踏車行店員的工作，在姐夫的介紹下，到一家水泥公司當臨時搬運工。

因爲水泥廠設在大阪港外的塡海新生地上，所以他每天要搭汽船上下班。

有一天，松下搭船下班，他坐在船邊，正享受海上吹來的微風。有一名船員突然從他身旁走過，一不留神，滑了一跤，跌落海中。船員在墜海前一剎那，抱住了松下，所以順手把他也拖下海了。

松下在海裏掙扎了一會兒，等他浮出海面時，汽船已駛離三百公尺外了，所幸船上的人及時發現他們落水，趕緊駛回救起兩人。還有，好在當時是夏天，水溫不低，若在冬天的話，還沒被救起之前就凍斃了。

松下當時並沒有因爲獲救而慶幸，反而覺得自己大難不死，是因爲有堅韌的生命力，命不該絕。

他二十歲時，在大阪電燈公司服務。有一天，他吐痰時發現血絲，經過醫生診斷後，證實是初期肺結核病。

當時的肺結核患者，十人之中有八人不治，因此，罹患此病幾乎就是絕症。而松下的情況更特殊，他有兩個哥哥與一個姐姐因此病而亡故。因此，醫生的宣布無異判他死刑，他心中痛苦極了。

醫生說：「你一定要多休息，最好能到鄉下靜養三、四個月。」對松下而言，「靜養三、四個月」根本是不可能的事。因爲當時他父母雙亡，舉目無親，只有靠雙手養活自己。如果爲了靜養，只得暫停工作，停止工作就沒有收入，沒收入的話，三餐就沒著落，豈不也是死路一條嗎？

他心想：「反正都是死路一條，與其死在靜養中，不如死在工作中。橫豎都是死，何不趁還活著的時刻，多做一點有意義的事呢？」

有此想法後，松下很坦然地面對死亡，每天照常工作。奇怪的是，他的肺結核病並沒有因此而惡化。松下認爲，他長期處於生死邊緣而能不死，可能是很豁達地面對疾病，同時很注意自己的健康所致。

松下說：「每天都有人死亡，也有新生命誕生，所以『死亡』也是一種『更新』，不必對『死亡』太過悲傷，因爲其中含有『重生』的意義。」

命運觀

一、確信命運的存在

松下確信每一個人的一生，都深受奇特的命運所影響與擺佈。他表示，整個大自然（包括高山、深海、飛禽、走獸、魚類、蟲類、人類）在冥冥中都有一種力量的安排，也全都活在命運支配之下。譬如說：有人生來手腳靈活，也有人生來笨手笨腳；有人生來身強體壯，也有人生來體弱多病，這都是命運的支配。他認爲一個人的一生，百分之九十是由命運所安排的，其餘的百分之十才由人類的智慧與才能所左右。

松下說：「我經歷過無數的艱難困苦，但我不是靠自己的力量克服了這些困難。如果命運要我面對這些困難，那麼，克服這些困難就是我的命運。」

但他並不是一個完全的宿命論者。他堅信人類所能主宰的百分之十，必須全力以赴，那種努力是必須也是有效的。他常說：「盡力而爲，等待結果。」意思是：只有盡了自己最大努力的人，才有資格接受命運的安排。

松下曾經很誠懇地對一群年輕人說：「不論你們怎麼努力奮鬥，不可能全都成爲日本首相或大公司的社長。可是你們只要順著命運，勤奮而又忠誠地工作，每個人都可獲得幸福與快樂。」我認爲這句話對奮鬥中的人，很具啓發性。

二、成功靠運氣，失敗怪自己

松下電器曾遭遇多次危機，譬如：一九二九年的經濟大風暴、一九四六年被認定爲職位整肅公司（高階主管與創辦人均被撤職）、一九六三年景氣蕭條、電器業陷入困境；但松下每次都能浴火重生，甚至更上層樓，這和他的「運氣觀」有很大的關係。

筆者曾言：「不努力一定不會成功，但努力也不一定會成功，必須要努力加上運氣才會成功。」這是筆者觀察許多成功人物之後的心得，松下也不例外，他的成功也是努力加上運氣的結果，他自己也說過，偉人就是有運氣的人。不過，松下和一般成功者很不一樣的是，他對「運氣」的態度。

一般人都會把成功歸功於自己努力的結果，而把失敗歸咎於運氣差。松下的態度剛好相反，當經營順利時，他會認爲這是運氣好的緣故；當經營不順時，他會認爲這是自己努力不夠的關係。

松下的意思是：他把成功歸諸運氣，因而能長保謙遜之心，不敢有絲毫的驕傲與懈怠，如此才能贏得下一次的成功；同時把失敗歸咎於自己努力得不夠，而後才能徹底反省與檢討，努力改正之後，下一次就會成功。

金錢觀

一、金錢只是潤滑油

松下認爲，工作最主要的目的並非爲了賺錢而在提高人們的生活，而金錢只是工作過程中的工具，它就等於是潤滑油一樣的東西，能使工作更有效率罷了。

他說：「一般人看到我善於經營，很會賺錢，那都是表象。事實上，我對金錢的需求絕不超過潤滑油的需求。」

他又說：「當一個人認爲金錢比生命還重要時，他的一切就被金錢占有了，言行受制於金錢，爲金錢驅使勞役，層次非常低。」

二、賺錢

松下曾經給渴望賺錢的年輕人一句忠告：「勤奮地去工作，不要太關心賺錢的事。」

有人聽了，反唇相譏道：「你的話說得滿動聽的，可是事實上，你不是每天都賺很多錢嗎？」

松下答道：「是的，我每天都賺很多的錢，但你不能每天在想如何去賺錢。只有賊整天想賺錢，可是事實告訴我們，賊所賺到的錢最少；換言之，賊最關心賺錢的事，可是幹的竟是最無利可圖的事。」

松下又說：「只要你勤奮而忠誠地工作，錢會主動找上門來的。在經營事業時，我絕不先考慮賺不賺錢的問題，我優先考慮的是，公司的產品是否能減輕家庭主婦的工作，是否有益於每一個家庭。」

三、花錢

松下說：「沒有比如何花錢更難的事了，因爲一個人的人格，將在這上面表露無遺。」

一九五四年，松下電器在銀行的委託下，同意承擔日本勝利公司五億元的債務，並肩負起該公司的重整工作。

當時松下電器的資本額爲十二億圓，所以承擔五億圓的債務負擔很重，但松下研判日本勝利的商標與技術有此價值，就毅然決然接受下來。

日本勝利公司在松下電器的重整之下，短期內就恢復舊觀。

松下指出，善不善花錢的關鍵就在，是否能正確地判斷一個人或一件事的價值所在。基於正確的價值判斷而花錢，必能發揮效果。

四、比金錢更重要的東西

日本經濟評論家石山四郎，曾以「請舉出三件比金錢更重要的東西」爲題，就教於松下。

他答道：「比金錢更重要的東西實在太多了，要我列舉三件的話，依次爲：生命、表裏相符的名譽、做人應有的態度。」

疾病觀

松下營業部次長中川因心臟、腎與肝臟、糖尿諸病併發而住院。

醫生警告他：「你若不好好治療，恐怕有生命危險。」

中川因此而非常的沮喪與消極。

松下安慰他說：「你住院之後，醫生一定給你很多建議。其實一個人生病，最好的醫生就是他自己，醫生只不過在旁提供建議罷了！對於疾病，你愈怕它，它愈接近你；你愈喜歡它，它反而離你遠遠的。」

松下接著又說：「事實上，生病是件好事，好好把握生病的機會多休息吧！你知道，我從小體弱多病，要不是這多病之軀，因而對每一個員工都充滿了感激之情，公司也不可能有今天的發展，你看，生病眞是一件好事啊！」

松下在四十歲之前，幾乎有一半時間都躺在床上。親友們預料他疾病纏身，一定活不過五十歲，結果他活了九十六歲。

松下認爲，體弱多病的人，只要能誠懇地接受自己虛弱的事實，多注意健康，依身體的狀態，順其自然地過活，一樣能夠長壽。

附錄1

松下幸之助V.S.王永慶

中日兩位經營之神，對不景氣與運氣的看法不謀而合在台灣，王永慶是經營之神；在日本，松下幸之助也是經營之神。把中、日兩位經營之神拿來做個比較，不但非常有趣，而且透過排比，我們更能透徹地了解這兩位傳奇人物。

筆者曾經寫過王永慶與松下的傳記，亦曾對兩人的管理模式有專書的研究，所以擬就兩人若干相同與相異之處，做個比較與分析。

相同之處

一、「大量生產」的經營策略

「大量生產，降低成本」是王永慶極厲害的經營策略。此一策略，在一九五八年時協助他突破困境、轉危爲安，並從此踏上塑膠業的坦途。

當時他創設台塑公司，每月只有一百噸ＰＶＣ產量，由於業者對他的產品沒信心，造成產品嚴重滯銷。爲了打開國外市場，王永慶毅然決然二次擴廠增產，基於「大量生產以降低成本」的道理，把產量由一百噸提升到一千二百噸。產量激增後，成本大減，於是不但打開了ＰＶＣ塑膠粉的銷路，也成爲他日後經營企業的重要策略。

松下在一九一八年創業之初就體會出「東西有創意，價錢又便宜，一定會暢銷」的道理，所以松下電器很快就被公認是一家「把改良的產品賣得特別便宜」的工廠。

到了一九二三年，松下就孕育出一套「改良舊產品、大量生產降低成本、低價售出」的經營策略。此一策略的做法是：看到別人生產某一暢銷產品時，立刻模仿改良製造出類似的產品，而後以較優良的品質與較低的售價，打垮舊有的產品，並占有廣大的市場。

二、對經濟不景氣的因應

王永慶曾說：「經濟不景氣的時候，可能是企業投資與展開擴建計畫的適當時機。」

他指出，凡是在景氣低迷的時刻，正是企業鍛鍊體質的最好時機，經營者要咬緊牙關，藉機改善企業體質，強化管理；如果行有餘力，不妨擬定完善的投資計畫，做有效或前瞻性的投資，通常可先馳得點，化危機爲轉機。

王永慶認爲，在經濟不景氣之時，投資新的計畫，至少建廠的成本比較低，可以增加產品的競爭能力；而且，經濟景氣的好壞，大都循一定的週期在轉，目前興建一座現代化工廠約需一年半到兩年的時間，在不景氣時建廠，等到建廠完成時，市場景氣又在逐漸復甦中，正好可以趕上時機。

松下也認爲經濟不景氣時，正好是擴建新廠的好時機。

他說：「經濟愈不景氣，失業者愈多，這時候建材與工資都特別便宜，是蓋新廠的好時機。而且蓋新廠可提供木工、電工、水泥工等的就業機會，這也是企業界突破不景氣應有的做法。」

松下還把不景氣當做是磨練員工與發展企業的良機。

他指出，許多企業的弊病，往往在遭遇不景氣時才會暴露出來，因此不景氣反而是改進營運缺失的大好機會。還有，不景氣也是培育人才的最佳機會。因爲在經濟景氣時，要刻意創造一個磨練員工的環境與機會實在不易；而不景氣時，正好提供一個最佳的磨練機會。

王永慶與松下兩個人對不景氣的因應與看法剛好不謀而合。

三、對「運氣」的看法

有人曾經問王永慶，他的成功是否因爲運氣特別好呢？

王永慶回答說：「是的，我的運氣不錯。不論是成功或失敗，一般都委諸於運氣。不過我認為，以前的成功與失敗可以說是運氣的關係，以後可就不能這麼說了。失敗的人，說是運氣不好，再等下去，而不努力奮發，運氣是不會來的；成功的人，認為運氣好，也就不去努力奮發，他的運氣就要變壞了。」

王永慶的意思是，失敗的人，不要灰心，是運氣不好而失敗了，所以應該奮勇繼續努力；成功的人，應該有謙遜之心，因為成功是眾人協助和良好環境所造成的，不可自視太高，也要繼續努力下去。

松下電器工會會長丹羽正治曾請教松下：「您成功的原因是什麼呢？」

松下想了很久後說：「可能是我對『運氣』的態度吧！一般人都把成功歸功於自己努力的結果，而把失敗歸咎於運氣差。我的態度剛好相反，當經營順利時，我會認為這是運氣好的緣故；當經營不順時，我會認爲這是自己努力不夠的關係。」

松下的看法是，把成功歸諸於運氣，因而能長保謙遜之心，不敢有絲毫的驕傲與懈怠，如此才能再贏得下一次的成功；同時把失敗歸過於自己努力不夠，而後才能徹底的反省與檢討，如此改正過來後，下一次就會成功了。

有關運氣，王永慶與松下的回答方式雖然略有不同，但其中所隱含的「積極意義」卻完全相同。

四、實力主義

王永慶是一個實力主義者。他認爲，學歷不等於實力，學歷只是表示你取得文憑，學到了若干的知識，而這些知識能否運用在實際工作上，展現出實力，則仍有待考驗。

他表示，只有從實務經驗中才能培養堅強的實力，實務經驗愈豐富，成功的機會就愈大。

王永慶說：「經驗不是可以速成的，不是坐辦公室享受冷氣可以得到的，要實地去做，去流汗吃苦，經過挫折失敗而有所得，必須由基層做起。」

松下也是一個實力主義者。他曾經再三強調，成功的關鍵在於實力，無論從事任何行業，最重要的是：必須趁年輕時從基層學起。從基層學起，才能累積經驗，培養出實力。

對日本社會極度重視學歷，松下大大不以爲然。他說：「決定一個人成功與否的關鍵在於實力，而不是大學畢業，而實力是從經驗培養出來的。」

松下補充說：「有人爲了學術研究或特殊能力，必須到大學或研究所去學習。除此之外，我認爲校外是一個更好的學習場所。」

由此可知，王永慶與松下的實力主義如出一轍，完全相同。

除了上述四點之外，兩人都是貧苦出身，也都只有小學畢業；都求才若渴，而且非常重視員工教育訓練。

相異之處

至於兩人不同的地方，基本上，王永慶從事石化工業，而松下則是電器工業，這是兩種截然不同的產業。不過在一九八四年王永慶開始投入資訊電子工業——印刷電路板相關的上、中、下游工業，而松下從一九七七年開始，已逐步從電器工業昂首跨入電子科技工業了。從這點來看，兩者在異中又有點相同，兩家企業集團目前都有涉及電子相關領域。其他的不同之處還包括以下兩點：

一、用人哲學

談到王永慶的用人，不由自主就會想到他那逼迫式的壓力管理。

爲了傳達他的命令，貫徹他的主張，並嚴密地考核各事業單位施行後的成效，王永慶特別成立人數達數百位的幕僚單位——總經理室。總經理室主要工作就是，不斷在各事業分支機構發現問題，追蹤、考核，使他們隨時都有壓迫感，不敢滿足於現狀。

王永慶曾說：「好，好不過三代，這是有道理的，有壓力感，覺得還不夠好，做出『苦味』來，才會不斷進步，一放鬆就不行了。」基於此，他透過數百位幕僚人員，把他的經營理念，落實到最基層。

王永慶每天中午都在公司進行著名的「午餐會報」。他在會議室召見各事業單位的主管，先聽他們的報告，然後提出犀利而又細微的問題逼問他們。王永慶精力過人，對複雜的數字過目不忘，又喜用追根究柢式的質詢，所以壓力管理的制度，他發揮得淋漓盡致，效果卓著。

相對於王永慶這種高壓式的「剛性」管理，松下的用人就偏向於「柔性」管理了。

松下指出，有一種領導者，運用超人的智慧與領袖氣質，有效地領導部屬達成目標。他自認能力不足，身體又不好，所以不同於上述的領導方式，他的方式是向部屬求助，請求部屬提供智慧。

他常對部屬說：「我做不到，但我知道你能。」

松下曾經說過，經營者必須兼任端茶的工作。他的意思並非經營者要親自去端茶，而是應該隨時懷抱此種謙遜之心，對努力盡責的員工，要滿懷感激之情。只要心懷感激，在行動之中會自然地流露出來，這麼一來，當然會使員工振奮，因而更加努力工作。

他指出，當他的員工在一百人時，他要站在員工的最前面，以命令的口氣，指揮部屬工作；當他的員工增加到一千人時，他必須站在員工的中間，誠懇地請求員工鼎力相助；當他的員工達一萬人時，他只要站在員工的後面，心存感激即可；當他的員工達五萬或十萬人時，除了心存感激還不夠，必須雙手合十，以拜佛的虔誠之心來領導他們。

松下的這一段話，充份表達出他「柔性管理」的精髓。

二、回饋社會的方式

王永慶在成爲台灣的首富之後，他創辦明志工專、長庚醫學院、長庚護專；設立長庚紀念醫院、興建養生文化村、回收廚餘、淨化環境、成立明德基金會生活素質研究中心，並把台塑的管理制度移轉給下游工業，他是相當努力地要回饋這個社會。不過，他似乎除了獲得「經營之神」的榮銜外，不像松下被人尊稱爲「哲學家」，甚至「宗教家」，這是什麼緣故呢？

我們發現，松下在七十歲時，曾與日本宗教家池田大作在日本NHK電視台討論「人類」、「豐裕人生」、「宇宙及生死」、「繁榮之道」；而王永慶在七十歲時，則與前宜蘭縣長陳定南在華視進行「環保大對決」的辯論會。從這件事亦可看出「哲學家」與「企業家」的不同處。

松下在五十六歲時創立PHP研究所，PHP是Peace and Happiness through Prosperity的簡寫，意思是——透過繁榮來追求和平與幸福；六十八歲時，他辭去社長之職，全心致力於PHP的研究工作，爲追求人類的和平與幸福孜孜不倦；八十三歲時，他寫了一本《我的夢、日本的夢、廿一世紀的日本》的書，書中剖析了混亂加深的日本，並描繪出三十年後理想的日本社會，該書對日本的未來有極明確的導引，影響深遠。

王永慶關心台灣的未來，八十一歲時，他寫了《王永慶把脈台灣》、《台灣活水》兩本書；八十三歲時，又寫了《台灣願景》一書，對於台灣的社會亂象與教育制度作了嚴厲的批評與積極的建議。

松下成爲「經營之神」後，立刻跨出「企業家」的框框，邁向「哲學家」的領域，爲日本的未來與人類的和平與幸福竭盡心力；而王永慶在成爲「經營之神」後，雖然對台灣島內許多問題痛下針砭，但似乎仍在「企業家」的範疇內打轉，他爲了「設廠」與「污染」的問題，四處奔走與解釋，他仍舊爲了「經營績效」而努力不懈。

松下享年九十六，王永慶享年九十二，均已蓋棺論定是百年難得一見的經營奇才。除了經營企業有傲人的績效之外，對其社會國家都有卓越貢獻。但從上述剖析可知，在七十歲之後，王永慶執著於「企業家」的格局似乎略遜松下從「企業家」躍向「哲學家」的格局。

（完成於一九八七年，修訂於二〇〇八年）

附錄2

松下幸之助的逆勢經營智慧

「經濟愈不景氣，失業者愈多，這時候建材與工資都特別便宜，是蓋新廠的好時機。而且蓋新廠可提供木工與水泥工就業機會，這也是企業界突破不景氣應有的做法。」

——松下幸之助

松下幸之助一生經營企業的歷程中，面臨過戰爭、經濟大蕭條、產品無銷路等眾多嚴酷挑戰，然而他都以逆勢的思考方式，積極因應危機突圍而出。以下是幾個成功的例子：

一、改良舊產品，低價賣出

一九二七年一月，松下電器設立了電熱部，而電熱部的第一個產品就是公司員工中尾哲二郎設計的「超級電熨斗」。

當時日本的電熨斗價格昂貴，普通的家庭根本買不起。松下從創業之初，即秉持「改良舊產品、低價售出」的經營策略，於是，他把此一策略應用在電熨斗上。

原有市面上的電熨斗一個賣五圓，而中尾哲二郎改良成功的「超級電熨斗」非但比舊有的電熨斗輕巧方便，而且只賣三圓二十錢，比市價便宜了一圓八十錢。由於物美價廉，在一九二七年四月推出後馬上搶購一空，成爲暢銷產品。

松下電器這家「把改良的產品賣得特別便宜」的工廠，秉持「改良舊產品、大量生產、降低成本、低價售出」的經營策略，可說是經營成功的法寶。

二、不景氣，正是擴廠時機

到了一九二七年底，松下電器的員工已有三百人，在一九二二年所蓋的一百坪工廠與辦公室早已不夠用了，所以松下計劃買下一塊五百坪的土地，興建新的工廠與營業所。

這時候，雖然松下電器的生意不錯，但日本普遍經濟不景氣，一般的企業家都認爲一動不如一靜，只有松下看法不同，他認爲不景氣正好是擴建新廠的好時機。

松下說：「經濟愈不景氣，失業者愈多，這時候建材與工資都特別便宜，是蓋新廠的好時機。而且蓋新廠可提供木工與水泥工就業機會，這也是企業界突破不景氣應有的做法。」

松下的此一看法與國內首席企業家王永慶的看法非常接近，王永慶曾說：「經濟不景氣的時候，可能也是企業投資與展開擴建計劃的適當時機。」

於是，一九二八年十月，松下去找住友銀行西野田分行的竹田經理，向他表達貸款的意願。

竹田說：「這一年多來貴公司的業務愈做愈大，要蓋新廠了，眞是可喜可賀。我們很歡迎貴公司來貸款，請問這一次需要多少呢？」

松下說：「包括土地、建築、機器設備等費用共需二十萬圓，不過我自己有五萬圓，所以尚需向貴行貸款十五萬圓。」

竹田說：「十五萬圓，這是一個大數目啊！」

爲了取信於竹田經理，松下把當時公司的產銷狀況與資金運轉的情形，都列表詳細向竹田說明。

聽完松下的說明後，竹田說：「貴公司是我們的好主顧，我也非常欣賞您誠信的做法，雖然十五萬圓的數目很大，我願意全力幫忙。我這就與總行聯繫，請您等候兩三天吧！」

兩三天之後，竹田經理回覆給松下說，依銀行內部規定，貸款十五萬圓，最少要有二十萬圓的抵押。

完全沒料到此事的松下，驚訝地回說：「二十萬圓的抵押?!」

竹田說：「您不用緊張，我們替您考慮過了，敝行決定對貴公司特別通融，就以您所買的土地與建築物當抵押，不夠的部分當作信用貸款處理。可是，貴公司必須在兩年內償還這筆款項，您有把握嗎？」

住友銀行所要求的土地抵押只價值五萬五千圓，而建築物要等蓋好之後才能抵押，有抵押等於沒抵押。扣除土地價値之外，銀行等於給予松下十萬圓的信用貸款，這是非常優厚的貸款條件。可是，松下卻不願拿土地做抵押向銀行貸款，因爲以不動產做抵押的話，必須辦理登記。只要登記，別人就知道松下電器有負債了，這對公司的信譽有不良影響。

於是松下向竹田說：「如果拿不動產去登記的話，對敝公司的信譽將有不良影響，所以請求貴行不知能否以無抵押貸款的方式辦理，至於土地與建築物的所有權狀，都交給貴行保管，您看這方案可行嗎？」

結果，住友銀行在研究過後，最後同意以松下要求的方式：無抵押貸款十五萬圓給松下電器。

此種以公司的信用與自己誠信的經營作風，取得銀行的無抵押貸款，是松下在事業發展過程中，最厲害的一招。任何一個經營者，除了生產與銷售的問題之外，最頭痛的就是資金週轉了，松下以「信用」

克服了「資金」的難題，證明他確有過人之處。

獲得了十五萬圓的無抵押貸款之後，松下於一九二八年十一月動工興建新廠，到了一九三〇年五月順利完工。

松下說：「在一九二七年銀行因擠兌而紛紛倒閉的不景氣時期，我非但事業繼續成長，而且獲得住友銀行無抵押貸款十五萬圓興建新廠，因此在電器業界建立了更堅實的信用。」

三、主動抗爭不合理待遇，堅持勞資雙贏

西元一九四五年八月，日本無條件投降，結束了太平洋戰爭。曾在戰時受軍方命令製造軍需品的松下，召集所有幹部發表以下談話：

「從今天開始，松下電器的方針要由軍需品轉變爲民生必需品的生產。可以預見的經濟風暴如物資匱乏、失業增加，必定很快就到來。

然而我不想解雇任何一個員工。爲了六十個工廠與二萬六千多名員工，爲了要打開戰敗的僵局，我認爲除了誠實之外別無他途了，願大家團結一致，衝破困境，重新振作起來。」

九月二日，駐紮東京的美軍駐日司令部（GHQ）下命令說，爲了盤點殘留的軍用物資，禁止把製造軍需品的原料轉爲製造民生必需品。這一道指令，活活掐死了松下要生產民生必需品的新方針。

松下知道這麼一來公司會垮台，絕不能坐以待斃，於是召集了重要幹部向日本政府投訴，並向美軍駐日司令部抗議。

至九月二十八日，美軍駐日司令部終於准許軍用原料轉爲製造民用品，然而，由於時間延宕，松下電器的員工已不得不由二萬六千人減爲一萬五千人。

這一段期間，因爲材料與電力的嚴重缺乏，每月的營業收入不到一百萬圓，而二億圓貸款的利息支出，每個月就要八十萬圓，剩下的二十萬圓怎能夠養活那一萬五千名員工呢？松下整個人被壓得喘不過氣來，但他深信情況會好轉，所以咬緊牙根苦撐下去。

屋漏偏逢連夜雨，從一九四六年開始，美軍駐日司令部展開一連串的解散財閥政策，讓松下電器面臨前所未有的大危機。

一九四六年，美軍駐日司令部因松下電器曾製造軍用飛機與船舶，所以指定該公司爲「限制公司」，業務、資金的運用與購買設備均受限制，而且旗下子公司必須分離獨立。

六月，松下和三菱、三井、住友、岩崎、野村、古河等十四家被列爲「財閥家族」，松下電器和子公司所有資產，以及松下個人財產全遭凍結。

被指爲財閥家族，松下非常氣憤，他自認不是財閥，所以他不像其他被指定爲財閥公司的社長一樣，紛紛自動辭職。他一直堅守社長的崗位，同時不斷地向美軍駐日司令部陳情，決心奮戰到底。

誰知，在同年十一月，松下電器被通知爲「職位整肅公司」，意即是在戰時製造軍需品的企業，其高級主管均會強迫整肅解職。也因此，松下與常務董事級以上的主管均被免職，且一切申訴均不受理。

松下的心中痛苦極了。

——不錯，我是生產過軍需品，可是那完全是軍部的命令，我除了接受別無選擇啊！

——竟然從自己一手建立的公司裡被整肅下臺，唉！

松下遭解職的消息傳出後，無論員工、經銷商、零售店均大受衝擊，因爲松下的離職意味著松下電器即將崩潰，人人都惶恐萬分。

就在這個危急關頭，於一月間甫成立的「松下電器產業工會」發起了營救松下的運動，工會代表攜帶了一萬五千個員工簽名的請願書，向美軍駐日司令部陳情，並向大藏大臣石橋湛山和工商大臣星島二郎請願，請求解除對松下的職位整肅令。

第二次世界大戰結束後，美軍駐日司令部追究各大企業經營者的戰爭責任。當時勞資對立的觀念流行，所以到處可見驅逐經營者的運動，惟獨「松下電器產業工會」全體簽名爲松下請命，此舉非但感動了日本政府，也震驚了美軍駐日司令部。

美軍駐日司令部內部熱烈討論這個問題：

「被一萬五千名員工所擁戴的松下幸之助，到底是何許人也？」

「我們以前對他的調查資料可能有錯，必須重新展開調查，否則會被人懷疑我們有佔領的野心，這麼一來對我們的政策極爲不利。」

經過詳細的調查後，美軍駐日司令部發現，松下對民主有正確的認識，他提供了一個自由而開放的工作環境，在追求勞資雙方共同利益的原則下，創造了勞工富裕的生活。

終於在松下被解職後的四個月，即一九四七年五月，解除了該整肅令，松下恢復了社長的職位。

松下後來回憶道：「當我被美軍駐日司令部認定爲財閥，財產被凍結，並遭受職位整肅時，工會竟主動發起了解除對我整肅的運動，實在令人感動。」

（本文摘自一九九四年遠流出版之《松下幸之助傳》第八章〈發展與危機〉，以及第十一章〈財閥之累〉）

國家圖書館出版品預行編目資料

松下幸之助不景氣、不裁員、不減薪經營法 / 郭泰作 .
-- 初版 . -- 臺北市：遠流， 2009.03
面；　公分 . --（實戰智慧叢書；356）

ISBN 978-957-32-6423-1（平裝）

1. 松下幸之助　2. 學術思想　3. 企業管理

494　　97024208